高等职业教育"十二五"规划教材

高职高专公共课任务驱动、项目导向系列化教材

计算机应用基础
上机实践指导

主　编　俞永飞　郑湘辉
副主编　丁俊美　周沐玲　刘　敏
　　　　胡育林　豆　利

国防工业出版社

·北京·

内容简介

本教材是配套《计算机应用基础》"项目化"教学方法的上机实验指导教材。以突出实际工作中对计算机基础知识以及 Office 的应用能力为重点,将教材中的实战内容进行"项目化"分解,着重技能的训练与培养。通过项目实战,引导学生由简到繁、由易到难地完成各个项目,以培养学生提出问题、分析问题、通过计算机来解决问题的能力。

本教材共分七个项目,主要内容包括:计算机基础知识、Windows XP 操作系统、Word 2003 基础应用、Excel 2003 基础应用、PowerPoint 基础应用、FrontPage 基础应用、计算机网络基础与 Internet 应用。

本书适合作为高职院校计算机应用基础教学、计算机培训学校的教材,也可以作为全国计算机等级考试一级考试的参考教材,亦可供中专学校、各类办公人员、计算机初学者和爱好者上机实验时参考。

图书在版编目(CIP)数据

计算机应用基础上机实践指导/俞永飞,郑湘辉主编. —
北京:国防工业出版社,2014.7
高职高专公共课任务驱动、项目导向系列化教材
ISBN 978 – 7 – 118 – 09588 – 3

Ⅰ.①计… Ⅱ.①俞…②郑… Ⅲ.①电子计算机 –
高等职业教育 – 教学参考资料 Ⅳ.①TP3

中国版本图书馆 CIP 数据核字(2014)第 167549 号

※

*国防工业出版社*出版发行

(北京市海淀区紫竹院南路 23 号 邮政编码 100048)
北京奥鑫印刷厂印刷
新华书店经售

*

开本 787 × 1092 1/16 印张 7½ 字数 149 千字
2014 年 7 月第 1 版第 1 次印刷 印数 1—4000 册 定价 23.00 元

(本书如有印装错误,我社负责调换)

国防书店:(010)88540777   发行邮购:(010)88540776
发行传真:(010)88540755   发行业务:(010)88540717

前　　言

在信息技术的高速发展时期,高等职业教育以培养技术应用型人才为根本任务,以适应社会对人才的需求。"计算机应用基础"在日常教学中,显得尤为重要。当代企业对学生的要求不仅要熟练掌握理论知识,同时要有较强的实践动手能力。本书立足于"计算机应用基础""项目化"教学方法,结合实际工作岗位对学生的计算机应用能力的需求,将教学内容进行分解,将难度较大内容简易化,对学生毕业后能够胜任基础工作,并具备再学习的能力有着重要的意义。

本教材立足于全国计算机等级考试一级考试大纲,将内容分为七个项目,每个项目是从实际"项目"角度出发,将理论知识融入到实践操作中。项目一:计算机基础知识,主要介绍了计算机硬件与常用输入法的基本知识,重点突出实物图片的介绍以及考试中对输入法的设置的要求,让学生更能形象化去理解各个知识点;项目二:Windows XP 操作系统,通过四个模块介绍了 Windows XP 操作系统的常用操作与基本设置;项目三:Word 2003 基础应用,通过五个模块介绍 Word 2003 的操作与相关应用技巧;项目四:Excel 2003 基础应用,通过七个模块介绍 Excel 2003 的操作与相关应用技巧,重点突出了财经类院校学生对数据处理的特殊需求;项目五:PowerPoint 2003 基础应用,通过四个模块介绍 PowerPoint 2003 的操作与相关应用技巧,重点突出实际工作中对幻灯片制作的方法与技巧;项目七:计算机网络基础与 Internet 应用,通过四个模块介绍计算机网络基础的简单设置与 Internet 相关应用技巧。

本书由合肥财经职业学院俞永飞、郑湘辉担任主编,丁俊美、周沐玲、刘敏、胡育林、豆利担任副主编。本教材在编写过程中,得到有关领导和老师的大力支持和帮助,在此表示衷心感谢。

由于作者水平有限,因而疏漏和不妥之处在所难免,恳请广大读者批评指正。

目　　录

项目一　计算机基础知识

模块一　认知计算机硬件

一、实验名称

了解计算机硬件。

二、实验任务

观察计算机主板上构成微机的各大部件及其接口,包括CPU及CPU插座、内存条及内存条插槽、硬盘、电源、风扇、鼠标、键盘、显示器、主机箱。

三、实验目的

了解计算机硬件组成。

四、实验步骤

(1) 观察计算机外观。

① 观看显示器、键盘(熟悉键盘按键个数)、鼠标。

② 观看主机箱及其背面各个功能部件的连接插口。

(2) 观察主机箱内部各部件及其插槽,如图1-1所示。

图 1-1　计算机主板

① 断开电源，打开主机箱，认识总线、硬盘、主板、光驱、内存条以及各个插槽。

② 仔细观察各部件的特点以及安装注意事项。

五、实验总结

模块二　键位及输入法练习

一、实验名称

键位及输入法练习。

二、实验任务

(1) 练习正确的指法，提高录入速度。

(2) 了解中英文以及各种输入法的切换，全角与半角的切换等基本设置。

三、实验目的

掌握正确的指法位置，了解输入法的切换、全角与半角的切换等基本设置。

四、实验步骤

基准键位练习(借助相关键位练习软件，如金山打字等)，如图1-2所示。

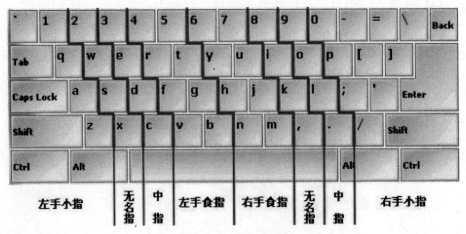

图1-2　键位练习图

2

(1) 按照键位图，分别练习食指、中指、无名指、小手指、大拇指。

(2) 练习中英文输入法的切换，全角与半角的切换，如图 1-3 所示。

图 1-3　输入法缩略图

五、实验总结

项目二　Windows XP

模块一　操作系统桌面

一、实验名称

Windows XP 桌面操作。

二、实验任务

(1) 对 Windows XP 桌面上的图标进行单击、双击、拖动等操作。

(2) 对 Windows XP 桌面上的图标进行排序。

(3) 对任务栏进行设置。

三、实验目的

(1) 了解 Windows XP 桌面上图标的组成。

(2) 掌握 Windows XP 桌面上常用对象的操作。

四、实验步骤

1. 移动图标

(1) 按照鼠标左键拖动几个图标的位置。

(2) 将桌面上的图标第一行整体右移。

2. 排列图标

右击桌面空白处，在弹出的快捷菜单中选择"排列图标"→"修改时间"排列图标。当然也可以按照"名称"、"大小"、"类型"等对图标进行排序。

3. 改变图标名称

对某个图标右击，弹出快捷菜单选择"重命名"。

4. 改变任务栏的高度

(1) 任务栏上鼠标右击，"锁定任务栏"前面的对勾取消，即先取消锁定任务栏。

(2) 把鼠标放在任务栏上，当鼠标指针变为竖向箭头时，拖动任务栏即可改变其高度。

5. 改变任务栏位置

按住鼠标左键，可将任务栏移动到桌面上的任意位置。

6. 隐藏任务栏

右击任务栏的空白处选择"属性"，在任务栏选项卡中，"自动隐藏任务栏"中的复选框取消，即可隐藏任务栏。

7. 改变开始菜单

右击任务栏的空白处选择"属性"，在"开始菜单"选项卡中选择，即可改变开始菜单形式。

五、实验总结

模块二　文件夹的操作

一、实验名称

对文件夹的相关操作。

二、实验任务

(1) 查看文件夹。

(2) 在磁盘上创建文件夹。

(3) 文件夹重命名。

(4) 文件夹复制、移动。

(5) 文件夹属性的查看、设置。

(5) 文件夹的删除。

三、实验目的

理解文件夹的结构，掌握有关文件夹的常用操作。

四、实验步骤

1. 查看文件夹

(1) 打开一个文件夹，查看其中内容，可单击工具栏上的"查看"按钮，打开查看方式。选择其中的"缩略图"、"图标"、"列表"、"详细信息"等。

(2) 右击空白处，选择"排列图标"，在级联的菜单中选择按"名称"

排序，当然也可选择其他几种方式排序。

2. 在 D 盘根目录下创建文件夹"计算机基础"

(1) 打开需要建立文件夹的 D 驱动器。

(2) 在窗口的空白处右击，弹出快捷菜单，单击"新建"菜单命令，弹出级联菜单，选择"文件夹"。

(3) 输入新的文件名"计算机基础"，按 Enter 键确定。

此外，可以通过菜单栏中的"新建"菜单命令来创建文件或文件夹。

3. 把"计算机基础"文件夹更名为"计算机文化基础"

右击要更名的文件夹，在弹出的快捷菜单中选择"重命名"命令，在出现的蓝色方框中输入新名称，按 Enter 键确定。

也可通过菜单栏中的菜单命令或者两次单击文件名来实现对文件或文件夹的重命名。

4. 复制文件夹

(1) 选定要复制的文件夹。

(2) 右击对象，弹出快捷菜单，单击"复制"命令，或者按 Ctrl+C 键。

(3) 打开目标文件夹。

(4) 右击，打开快捷菜单，单击"粘贴"，或者按 Ctrl+V 键。

也可以使用"编辑"菜单或工具栏来实现复制操作。在工具栏中，单击"复制"、"粘贴"按钮的图标。

5. 文件夹移动

(1) 选定要移动的文件或文件夹。

(2) 右击，弹出快捷菜单，单击"剪切"命令，或者按 Ctrl+X 键。

(3) 打开目标文件夹。

(4) 右击，打开快捷菜单，单击"粘贴"命令，或者按 Ctrl+V 键。

6. 查看、设置文件夹属性

(1) 选中要查看的文件夹。

(2) 右击文件夹，在快捷菜单中选择"属性"命令。

在属性对话框中，显示了文件夹的大小、位置、创建时间等基本信息。在属性对话框最底部，通常有"只读"和"隐藏"两个复选框，用于显示和设置文件夹的属性。

(3) 选中或取消相应属性的复选框。

(4) 单击"确定"按钮，即可修改文件夹的属性。

7. 文件夹的删除

(1) 选定要删除的文件夹。

(2) 右击，打开快捷菜单，选择"删除"命令，弹出"确认文件删除"对话框。

(3) 单击"是"按钮，则该文件夹被放入"回收站"；若单击"否"按钮，则不删除。物理删除的方法：选中文件夹后，同时按住 Shift+Delete 键，则文件夹不再放入回收站，而被永久性删除，无法恢复。

8. 文件夹搜索

当用户要快速查找一个文件或文件夹时，可使用 Windows XP 提供的搜索功能。

打开"搜索"窗口的步骤：开始→搜索→输入要查询的文件名即可。

五、实验总结

模块三　文件的操作

一、实验名称

对文件的相关操作。

二、实验任务

(1) 在磁盘上创建文件。

(2) 文件重命名。

(3) 文件扩展名的显示。

(4) 文件复制、移动。

(5) 文件属性的设置，设置文件的只读隐藏属性。

(6) 文件的搜索。

三、实验目的

理解文件的类型、大小、组织方式，掌握文件的移动、复制、删除、搜索等操作。

四、实验步骤

1. 选定文件

(1) 选择多个连续文件：单击要选择的第一个文件或文件夹→按住 Shift 键，并单击要选择的最后一个文件或文件夹→释放 Shift 键。

(2) 选择多个不连续文件：按住Ctrl键→依次单击要选择的每一个文件

或文件夹→释放Ctrl键。

(3) 选择全部文件：单击"编辑"菜单中的"全部选定"命令，也可使用快捷键 Ctrl+A。

2. 文件新建

在 D 盘根目录下创建文本文件名为"计算机基础教材"。

(1) 打开需要建立文件夹的目标文件夹或驱动器。

(2) 在窗口的空白处右击，弹出快捷菜单，单击"新建"菜单命令，弹出级联菜单，如图 2-1 所示，选择"文本文档"，输入"计算机基础教材"，按回车键。

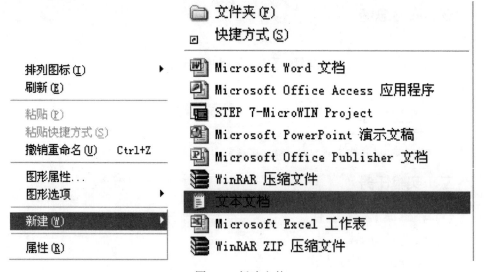

图 2-1　新建文件

3. 文件扩展名显示

通常情况下，文件扩展名是不显示的，为了方便操作文件，需要把文件的扩展名显示出来，具体操作如下：

单击"工具"菜单，选择级联"文件夹选项"对话框，单击"查看"选项卡，把"隐藏已知文件类型的扩展名"前的复选框取消，如图 2-2 所示。

4. 文件复制

(1) 选定要复制的文件。

(2) 右击对象，弹出快捷菜单，单击"复制"命令，或者按 Ctrl+C 键。

(3) 打开目标文件夹。

(4) 鼠标右击，打开快捷菜单，单击"粘贴"按钮，或者按 Ctrl+V 键。

也可以使用"编辑"菜单或工具栏来实现复制操作。在工具栏中，单击"复制"、"粘贴"按钮的图标。

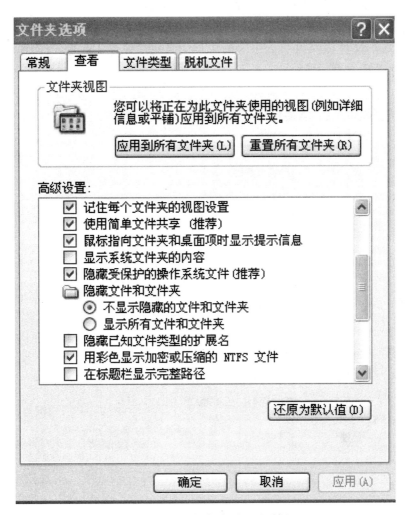

图 2-2 "文件夹选项"对话框

5. 文件移动

(1) 选定要移动的文件。

(2) 右击，弹出快捷菜单，单击"剪切"命令，或者按 Ctrl+X 键。

(3) 打开目标文件夹。

(4) 鼠标右击，打开快捷菜单，选择"粘贴"命令，或者按 Ctrl+V 键。

也可以使用"编辑"菜单或工具栏来实现移动操作。在工具栏中，单击"剪切"、"粘贴"按钮的图标。

6. 文件属性的设置

在 Windows XP 中，建立文件或文件夹后，会产生一组与文件或文件夹相关的信息，包括文件的类型、在磁盘中的位置、所占的空间大小和创建时间等。用户可以查看或修改文件属性信息，具体操作方法如下：

(1) 选中要查看的文件或文件夹。

(2) 右击文件或文件夹，在快捷菜单中选择"属性"命令，打开如图 2-3 所示的对话框。

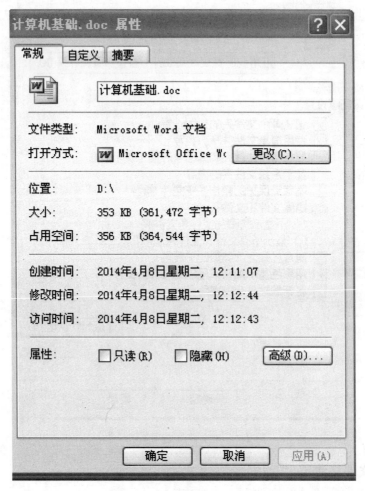

图 2-3 "文件属性"对话框

在属性对话框中，显示了文件的大小、位置、创建时间等基本信息。在属性对话框最底部，通常有"只读"和"隐藏"两个复选框，用于显示和设置文件的属性。

(3) 选中或取消相应属性的复选框。

(4) 单击"确定"按钮，即可修改文件或文件夹的属性。

五、实验总结

模块四 控制面板属性的设置

一、实验名称

控制面板中相关属性的设置。

二、实验任务

(1) 打开控制面板。
(2) 显示属性的设置。
(3) 日期时间的修改。
(4) 添加/删除程序。
(5) 用户名、密码的设置。

三、实验目的

利用计算机系统的常用性能指标,掌握利用控制面板进行计算机配置的方法。

四、实验步骤

1. 打开控制面板

(1) 选择"开始"菜单中的"设置"选项,然后选择其子菜单的"控制面板"选项,打开控制面板窗口,如图 2-4 所示。

图 2-4 "控制面板"窗口

(2) 在"控制面板"窗口中，可以双击相应图标，对其进行操作。

2. 显示属性的设置

打开"显示属性"对话框的方法：

(1) 在"控制面板"窗口中，双击"显示"图标，弹出"显示属性"的对话框。

(2) 在桌面空白处右击，然后从快捷菜单中选择"属性"的菜单命令，弹出"显示属性"的对话框，如图 2-5 所示。

图 2-5 "显示属性"对话框

"显示属性"对话框有六个选项卡，可以对桌面背景、屏幕保护程序、屏幕分辨率等进行设置。

3. 日期时间的修改

(1) 在"控制面板"窗口中双击"日期和时间"图标，打开"日期和时间属性"对话框，如图 2-6 所示。

12

图 2-6 "日期和时间属性"对话框

(2) 在该对话框中，可以设置系统的年份、月份和日期，也可以调整系统的时、分、秒；打开"时区"选项卡，也可以设置系统所用的时区。

4. 添加/删除程序

在使用计算机的过程中，常常需要安装、更新或删除已有的应用程序。"添加/删除程序"是 Windows XP 提供的一个便利工具，通过它可以使用户快速而顺利地完成添加和删除程序工作。

在"控制面板"窗口中，双击"添加或删除程序"图标，弹出如图 2-7 所示的窗口。单击"删除"按钮，即可删除该程序。

5. 用户名、密码的设置

Windows XP 是多用户操作系统，允许多个用户共用一台计算机。每个用户可以按照自己的习惯使用计算机，并享有不同的权限。从"控制面板"开始，可以添加或删除用户，每个用户可以设置密码。在"控制面板"窗口中，双击"用户账户"图标，即可打开"用户账户"设置窗口，如图 2-8 所示。

在该窗口中，可以删除已有用户，还可以创建新用户，更改用户的设置。按照向导，即可添加新用户。同时，用户还可以根据自己的需要创建密码或更改密码。

五、实验总结

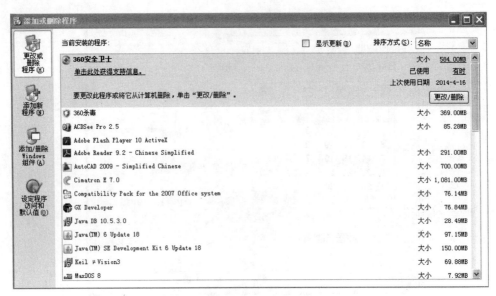

图 2-7 "添加或删除程序"对话框

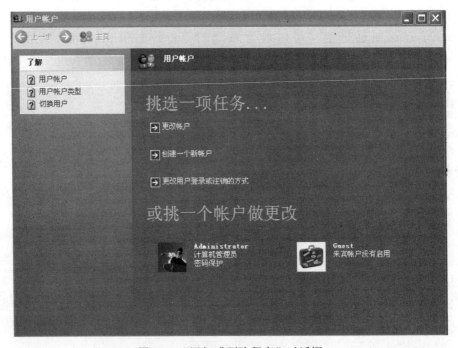

图 2-8 "添加或删除程序"对话框

项目三　Word 2003

模块一　认识 Word 2003

一、实验名称

认识 Word 2003。

二、实验任务

(1) 了解 Word 文档。

(2) Word 2003 的启动与退出。

(3) Word 2003 的窗口组成。

(4) Word 文档的基本操作。

(5) Word 的视图模式与切换按钮。

三、实验目的

掌握 Word 2003 的启动与退出，窗口的组成以及文档的创建、保存、打开及关闭等操作。

四、实验步骤

1. 了解 Word 文档

Word 文档是由 Word 应用程序创建的一种文件，用来保存用户录入或编辑的文档，它的扩展名为 ".DOC"，如 "文档.DOC"。

2. Word 2003 的启动与退出

Word 2003 常用的启动方法有两种：

(1) 通过单击 "开始" 菜单→ "程序" → "Microsoft office" → "Microsoft office Word 2003" 项启动。

(2) 双击 Word 2003 快捷方式图标启动。

Word 2003 常用的退出方法有三种：

(1) 单击 Word 窗口右上角的 "关闭" 按钮。

(2) 单击"文件"→"退出"命令。

(3) 按组合键"ALT+F4"。

3. Word 2003 的窗口组成

Word 2003 的窗口由"标题栏""菜单栏"、"工具栏"、"文档编辑区"、"状态栏"等几部分组成。

(1) 标题栏。

标题栏位于 Word 窗口最上方(图 3-1),标题栏中包含有:

图 3-1　Word 标题栏

①"控制菜单"图标。

标题栏最左端的是"控制菜单"图标。单击它可打开 Word 窗口的控制菜单(图 3-2),完成对 Word 窗口的"最大化"、"最小化"、"还原"、"移动"、"大小"和"关闭"等操作。

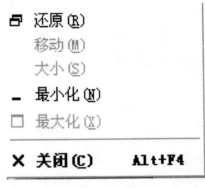

图 3-2　控制菜单

窗口标题。

②"控制菜单"图标右边显示的应用程序名称"Microsoft Word"就是窗口标题。新建的文档默认为"文档 1"。

③"最小化"、"最大化"(或"还原")和"关闭"按钮。

在标题栏右端有一组窗口控制按钮。单击最小化按钮可使 Word 窗口缩小成 Windows 任务栏中的一个任务按钮;单击最大化按钮可使 Word 窗口呈整个屏幕显示,同时最大化按钮改变为还原按钮;单击还原按钮使 Word 窗口恢复到原来窗口大小,同时还原按钮又改变为最大化按钮;单击关闭按钮,则关闭 Word 窗口,退出 Word 程序。

当 Word 窗口在还原状态时,用鼠标拖动标题栏可在桌面上任意移动

Word 窗口。

(2) 菜单栏。

菜单栏位于标题栏下方，菜单栏中有"文件"、"编辑"、"帮助"等 9 个菜单项(图 3-3)。对应每个菜单项包含有若干个命令组成的下拉菜单，这些下拉菜单包含了 Word 的所有命令，例如"文件"下拉菜单中包含了有关文件操作的各种命令。单击菜单栏中的菜单项就会弹出相应的下拉菜单。

图 3-3　菜单栏

(3) 工具栏。

① "常用"工具栏。

"常用"工具栏集中了 Word 操作的常用命令按钮，如图 3-4 所示。它们以形象化的图标表示，将鼠标指针指向某一图标并稍停片刻，就会显示该图标功能的简明提示。

图 3-4　常用工具栏

② "格式"工具栏。

"格式"工具栏以下拉列表框和形象化的图标方式列出了常用的排版命令，可对文字进行字体、字号、对齐方式、颜色等格式设置(图 3-5)。

图 3-5　格式工具栏

除在窗口中默认出现的"常用"和"格式"工具栏外，还有诸如"绘图""图片""表格与边框"和"自定义"等多个工具栏，可通过"视图"菜单中的"工具栏"命令对它们进行显示或隐藏。

(4) 文档编辑区。

文档编辑区是用于显示和编辑文本的区域。

(5) 状态栏。

状态栏位于 Word 窗口的最下端，如图 3-6 所示。它用来显示文档的当前状态，如当前光标所在的页号、行号、列号和位置等。状态栏右端的四个呈灰色的方框各表示一种工作方式，双击某个方框可以启动或关闭该工作方式。当启动某工作方式时，该方框中的文字即呈黑色。例如：双击"改写"

17

方框，此时"改写"呈黑色显示，表示目前处于"改写"状态。再双击"改写"方框，"改写"呈灰色显示，表示目前处于"插入"状态。

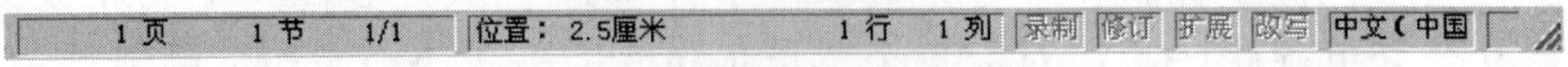

| 1 页 | 1 节 | 1/1 | 位置：2.5厘米 | 1 行 | 1 列 | 录制 | 修订 | 扩展 | 改写 | 中文（中国） | |

图 3-6 状态栏

4. Word 的视图模式与切换按钮

Word 提供了五种视图：普通视图、web 版式视图、页面视图、大纲视图、阅读版式视图。对文档的操作需求不同，可以采用不同的视图。视图之间的切换可以使用"视图"菜单，或使用水平滚动条左端的视图切换按钮。

(1) 普通视图。

普通视图多用于文字处理工作，如输入、编辑、格式的编排和插入图片等。在普通视图下不能插入页眉、页脚，不能显示分栏、首字下沉和绘制的图形。这种视图下占用的计算机资源少，响应速度快，可以提高工作效率。

(2) Web 版式视图。

在这种视图下，无须离开 Word 即可查看其在浏览器中的效果。

(3) 页面视图。

页面视图主要用于版面设计，显示效果与打印效果相同，即"所见即所得"。在页面视图下可以像在普通视图下一样输入、编辑和排版文档，也可以处理页边距、图文框、分栏、页眉和页脚、图形等。

(4) 大纲视图。

大纲视图用于编辑文档的大纲，以便能审阅和修改文档的结构。在大纲视图中，可以折叠文档以便只查看某一级的标题或子标题，也可以展开文档查看整个文档的内容。在大纲视图下，水平标尺由"大纲"工具栏替代了。

(5) 阅读版式视图。

阅读版式视图是 Word 2003 新增加的视图模式，最大特点是便于用户阅读，也可进行文本的输入和编辑。在阅读版式视图中，一个版面上可以显示多页文档，屏幕根据显示的大小自动调整到最容易辨认的状态。

五、实验总结

18

模块二　文本的编辑与排版

一、实验名称

文本的编辑与排版。

二、实验任务

(1) Word 2003 文档的文字及常用标点符号的录入。

(2) Word 2003 文档的编辑处理。

(3) 项目符号与项目编号。

三、实验目的

(1) 掌握 Word 文档的文字及常用标点符号的录入技术。

(2) 掌握特殊字符的录入方法。

(3) 熟练掌握 Word 文档的编辑技术。

四、实验步骤

(1) 在 Word 的文档中录入本题后方框内的文本。

第一章 数的概念、性质与运算

第一节　进位计数制

一、数的由来

数量和形状是事物最基本的性质，认识事物通常需要从研究数量和形状开始。人们在实践中逐渐产生的数量的概念，学会了用石块、绳结、手指来记数，为表示方便，人们引入了符号来表示数量，如中国古代用 0、1、2、3……表示数量等。

二、进位计数制

随着计数发展的需要，人们发明了进位计数制。进位计数制简称计数制，俗称数值。数值是指一组固定的符号和统一的规则表示数值的方法。常见的数值有二进制、八进制、十进制、十六进制等。

二进制：只有 0 和 1 两个计数符号，其进位准则为逢 2 进 1。

八进制：有 0、1、2、3、4、5、6、7 共八个计数符号，其进位规则为逢 8 进 1。

十进制：有 0、1、2、3、4、5、6、7、8、9 共十个计数符号，其进位规则为逢 10 进 1。

十六进制：有 0、1、2、3、4、5、6、7、8、9 和 A、B、C、D、E、F 共十六个计数符号，其进位规则为逢 16 进 1。

(2) 选择"插入"菜单中的"符号"菜单项，在"子集"列表框中选择"方块元素"、"几何图形符"等，录入本题后方框内的字符。

1. ★☆♀◆◇◣◤◢◥▲▼▽◤ ◣

2. ♥✂∩∪Σ≪≫∏∈§∫№℮✕

3. ㊣✒✄☜⊗③④♪✲※⓵⓶◎☒☑㊋

(3) 选中一级标题"第一章 数的概念、性质与运算"和二级标题"第一节 进位计数制",在"格式"菜单中选择"段落",在"段落"对话框中设置段后距为 1 行。

(4) 选中正文全部内容,在"格式"菜单中选择"段落",在"段落"对话框设置行间距为固定值 19 磅。

(5) 选中正文第一段"数量和形状是事物最基本的性质……"内容,在"格式"菜单中选择"段落"菜单,在缩进特殊格式中选择"首行缩进",并设置首行缩进两个字符。

(6) 选中正文第二段"随着计数发展的需要……",在"格式"菜单中选择"项目符号与编号"菜单,选择"项目符号"选项卡,在"自定义"中选择字符"☑",确定后完成对项目符号的设置。

(7) 选中最后四段内容"二进制:……逢 16 进 1",在"格式"菜单中选择"项目符号与编号",在"编号"对话框中选择"自定义",在"编号样式"中选择"1,2,3,4"样式,在"编号"格式中的数字后面输入"、",确定后完成对编号的设置。

(8) 完成上述格式设置后的文本如下。

第一章　数的概念、性质与运算

第一节 进位计数制

一、　数的由来

　　数量和形状是事物最基本的性质,认识事物通常需要从研究数量和形状开始。人们在实践中逐渐产生的数量的概念,学会了用石块、绳结、手指来记数,为表示方便,人们引入了符号来表示数量,如中国古代用 0、1、2、3……表示数量等。

二、　进位计数制

　　☑　随着计数发展的需要,人们发明了进位计数制。进位计数制简称计数制,俗称数值。数值是指一组固定的符号和统一的规则表示数值的方法。常见的数值有二进制、八进制、十进制、十六进制等。

1、二进制:只有 0 和 1 两个计数符号,其进位准则为逢 2 进 1。

2、八进制:有 0、1、2、3、4、5、6、7 共八个计数符号,其进位规则为逢 8 进 1。

3、十进制:有 0、1、2、3、4、5、6、7、8、9 共十个计数符号,其进位规则为逢 10 进 1。

4、十六进制:有 0、1、2、3、4、5、6、7、8、9 和 A、B、C、D、E、F 共十六个计数符号,其进位规则为逢 16 进 1。

五、实验总结

模块三 Word 2003 的表格处理

一、实验名称

Word 2003 的表格处理。

二、实验任务

(1) 在文档中插入表格，并调整表格基本属性。
(2) 完成对表格内容的输入和格式的设置。
(3) 表格的计算与排序。
(4) 生成表格，如表 3-1 所列。

表 3-1 2014 年 5 月份工资表

序号	姓名	岗位工资	班主任费	职称津贴	课时酬金	实发金额
1	张文	500	340	100	590	1530
2	李斯全	600	290	200	642	1732
3	王小强	400	300	100	521	1321
4	胡山杭	500	326	150	564	1540
5	许毅生	600	314	200	612	1726
小计		2600	1570	750	2929	7849

三、实验目的

(1) 学会插入表格，设置表格属性。
(2) 掌握表格内容的输入和设置格式的方法。
(3) 学会使用表格数据的计算与排序。

四、实验步骤

(1) 输入表格的标题"2014 年 4 月份工资表数据"，并设置成为黑体、三号字、居中格式 。
(2) 表格中共有 7 行、7 列，单击工具栏中的"插入表格"按钮，然后用鼠标拖动成 7 行 7 列表格，释放鼠标即可生成表 3-2 所示的表格。

表 3-2 生成 7 行 7 列的表格

(3) 选取第 7 行的第一列和第二列的单元格，单击"表格"菜单中的合并单元格菜单项，对选取的单元格进行合并。

(4) 向表格中录入内容，使全部文字居中对齐，并适当调整表格的行高和列宽，形成表 3-3 所示的表格。

表 3-3 2014 年 4 月份工资表数据

序号	姓名	岗位工资	班主任费	职称津贴	课时酬金	实发金额
1	张文	500	340	100	590	
2	李斯全	600	290	200	642	
3	王小强	400	300	100	521	
4	胡山杭	500	326	150	564	
5	许毅生	600	314	200	612	
小计						

(5) 单击表格菜单中的公式菜单项，在第 2 行至第 6 行的"实发金额"中分别输入公式"=SUM(LEFT)"。

(6) 使用同样的方法，在表格最后一行的"小计"中分别输入公式"=SUM(ABOVE)"。

(7) 设置表格的边框为红色、双实线边框，并为表格标题行添加蓝色底纹。

五、实验总结

22

模块四　Word 2003 中插入对象

一、实验名称

Word 2003 中插入对象。

二、实验任务

(1) 插入和编辑图 3-7 所示图片。

图 3-7　剪贴画铁塔

(2) 插入和编辑图 3-8 所示艺术字。

图 3-8　插入艺术字

(3) 自选图形制作，如图 3-9 所示。

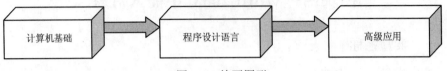

| 计算机基础 | → | 程序设计语言 | → | 高级应用 |

图 3-9　绘画图形

(4) 制作新年贺卡，如图 3-10 所示。

当飞雪铺满新春的田野

当岁月即将翻开新的一页

亲爱的朋友，我想说

无论时光怎样流转

心中的那份情谊却是永远

Happy New Year!

图 3-10　新年贺卡

三、实验目的

(1) 掌握在 Word 2003 中插入和编辑图片、艺术字、文本框等内容。
(2) 学会对插入的对象进行编辑和属性设置。

四、实验步骤

1. 插入和编辑剪贴画

(1) 在"插入"菜单中，选择"图片"菜单项，再选择"剪贴画"子菜单，在右侧剪贴画中选择名为"architecture"的剪贴画。

(2) 双击图片，出现"设置图片格式对话框"，在"大小"选项卡中，将图片的高度和宽度均设置为 5cm。

2. 插入和编辑艺术字

(1) 在"插入"菜单中，选择"图片"菜单项，再选择"艺术字"子菜单，选择对话框中第 4 行、第 3 列的艺术字形式。

(2) 输入文本"计算机基础"，设置字体为"华文新魏"，字体大小为 36 号。

(3) 按照上述方法，插入文本框，制作如图 3-8 所示。

3. 自选图形制作

(1) 在绘图工具栏中，选择"自选图形"中的"基本形状"，再选择其中的立方体。调整立方体的高度为 1.6，宽度为 3.5。单击右键，在右键快捷菜单中选择"添加文字"，并输入"计算机基础"。再在"自选图形"中选择"箭头汇总"子菜单中的"右箭头"，并调整好位置与大小。

(2) 按照上述方法输入第二个立方体和第三个立方体，内容分别为"程序设计语言"和"高级应用"。

(3) 选中上述步骤中绘制的三个立方体和两个右箭头，在右键快捷菜单中选择"组合"菜单命令。

4. 制作新年贺卡

(1) 在"插入"菜单中插入艺术字，内容为新年快乐，选择第一种艺术字样式，适当调整字体大小。

(2) 在"插入"菜单中插入剪贴画，选择如图 3-10 所示的剪贴画，并调整大小。

(3) 在"插入"菜单中插入水平文本框。输入图 3-10 中所示的文字，并设置相应的字体、字号。调整文本框的大小。

(4) 选中上述内容，单击右键，选择组合图形。

五、实验总结

模块五　文档的版式与打印

一、实验名称

文档的版式与打印。

二、实验任务

(1) 使用页面设置对话框，掌握页面设置的使用方法与技巧。

(2) 使用打印选项设置打印文档。

三、实验目的

(1) 熟练掌握页面的构成，并能熟练使用"页面设置"对话框进行页面设置。

(2) 掌握常用文档(普通文档、试卷、报刊等)的页面设置方法。

(3) 熟练掌握页眉和页脚、脚注和尾注的使用方法。

四、实验步骤

1. 普通文稿版式设计

(1) 在"文件"菜单中选择"页面设置"，在"页边距"选项卡中分别设置上下边距为 2cm，左右边距为 3cm，并设置纸张方向为"横向"。在"纸张"选项卡中设置纸张大小为 A4 纸。

(2) 在"视图"菜单中选择"页眉和页脚"，在页眉位置输入"计算机实训作业"，在页脚位置输入"本页由××××班×××设置"，插入页码并设置格式为"—1—"。

(3) 在"文件"菜单中选择"打印预览"，并设置为 100%显示。比较打印预览视图方式与其他视图方式的区别。

(4) 打印预览视图结果如图 3-11 所示。

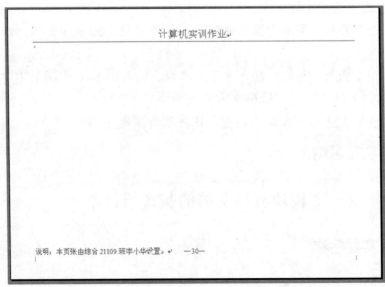

图 3-11　Word 打印预览图

26

2. 试卷版面设计

(1) 按照上步，设置纸张大小为 A4 纸，横向，上下边距为 1.5cm，左右边距为 1.8 厘米。

(2) 设置页脚为"本试卷由×××班×××设计"，插入页码格式为"第×页(共×页)"。

(3) "格式"菜单中选择"分栏"，分为两栏，栏距为 4 个字符，中间使用间隔线，左右栏宽相等。

(4) 将前面录入的内容复制到其中，并复制两次。使得最终效果如图 3-12 所示。

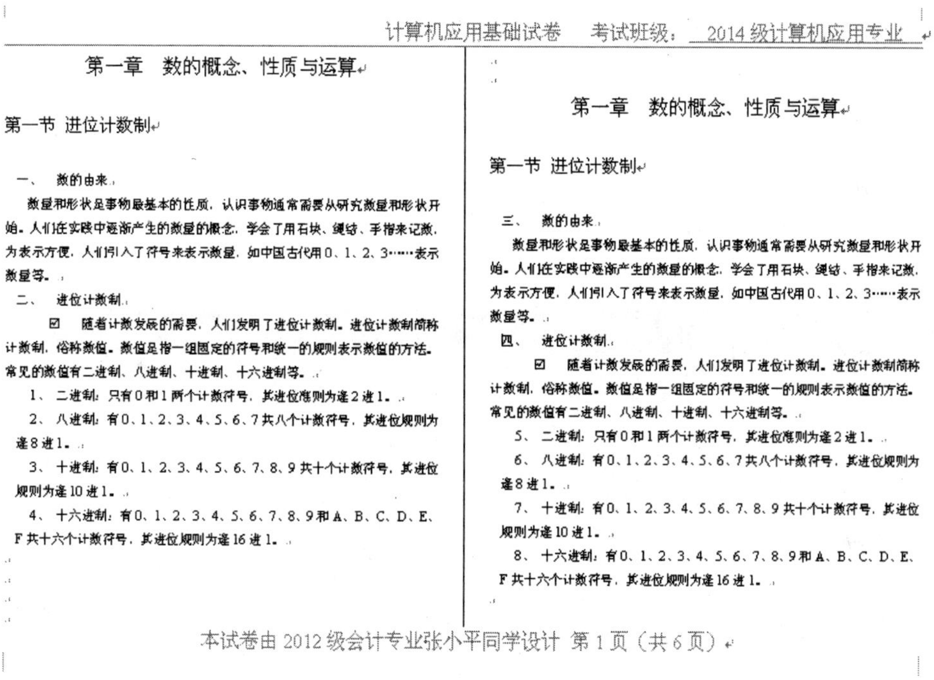

图 3-12　Word 试卷版面设计样图

五、实验总结

项目四　Excel 2003

模块一　Excel 2003 的基本操作

一、实验名称

Excel 2003 的基本操作。

二、实验任务

(1) 新建一个 Excel 工作簿命名为“实训 1”，保存在 D 盘，在 Sheet1 工作表中用填充柄输入以下数据，Sheet1 工作表更名为练习 1，如图 4-1 所示。

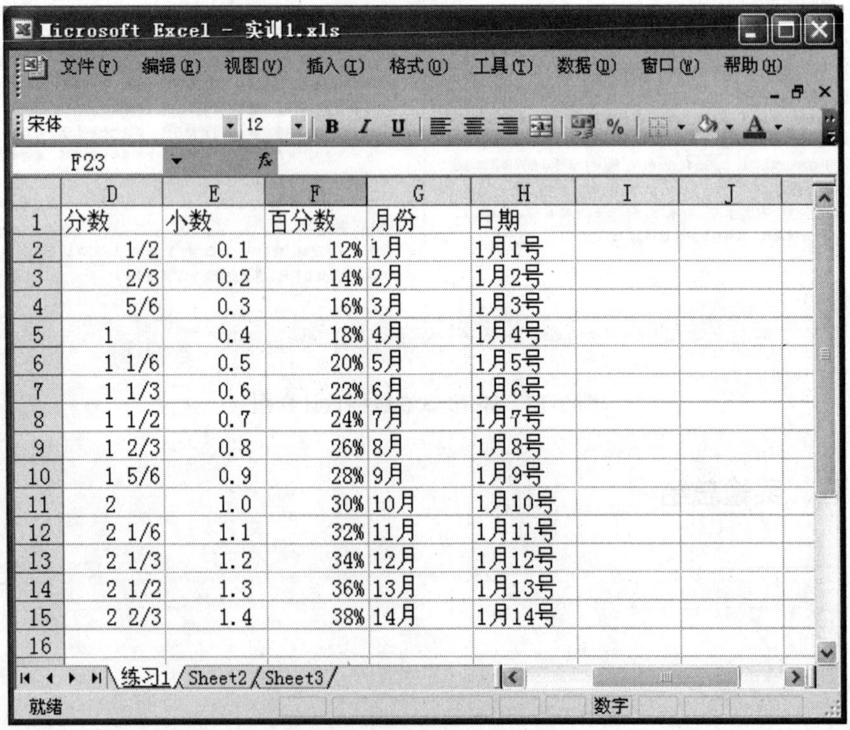

	D	E	F	G	H	I	J
1	分数	小数	百分数	月份	日期		
2	1/2	0.1	12%	1月	1月1号		
3	2/3	0.2	14%	2月	1月2号		
4	5/6	0.3	16%	3月	1月3号		
5	1	0.4	18%	4月	1月4号		
6	1 1/6	0.5	20%	5月	1月5号		
7	1 1/3	0.6	22%	6月	1月6号		
8	1 1/2	0.7	24%	7月	1月7号		
9	1 2/3	0.8	26%	8月	1月8号		
10	1 5/6	0.9	28%	9月	1月9号		
11	2	1.0	30%	10月	1月10号		
12	2 1/6	1.1	32%	11月	1月11号		
13	2 1/3	1.2	34%	12月	1月12号		
14	2 1/2	1.3	36%	13月	1月13号		
15	2 2/3	1.4	38%	14月	1月14号		
16							

图 4-1　输入数据

(2) 在实训 1 工作簿 Sheet2 工作表中，新建以下学生成绩表，并将 Sheet2 更名为学生成绩表，如图 4-2 所示。

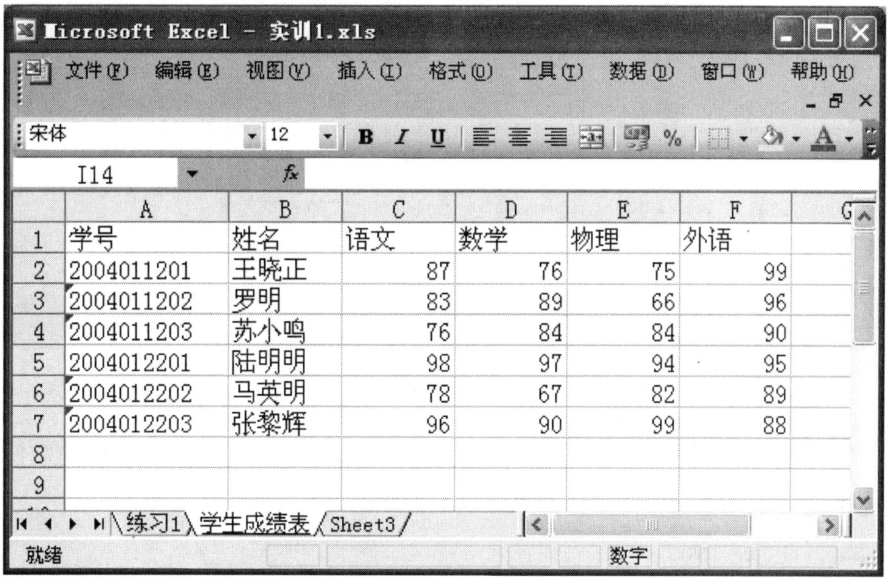

图 4-2　学生成绩表

(3) 把学生成绩登记表内容复制到 Sheet3，练习工作表的分割，水平分割和垂直分割。并更改 Sheet3 工作表名为拆分工作表，如图 4-3 所示。

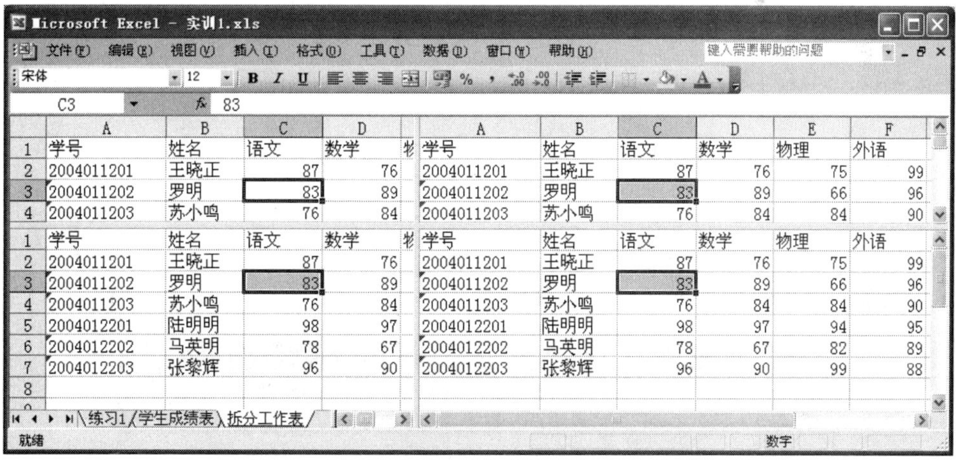

图 4-3　拆分工作表

(4) 在实训 1 工作簿中，插入一个新的工作表，并命名为冻结工作表，把它移动至工作表的最右侧，冻结表格第一行和姓名列，如图 4-4 所示。

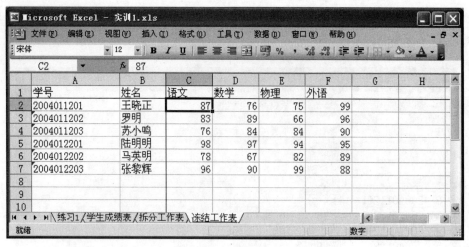

图 4-4　冻结工作表

(5) 保存工作簿实训 1，并设置工作簿打开权限密码和修改权限密码为 123456。

三、实验目的

(1) 掌握 Excel 2003 的启动和保存。

(2) 掌握创建、保存、关闭、打开 Excel 工作簿文件和 Excel 工作表的方法。

(3) 掌握 Excel 工作表中输入数据的方法。

(4) 掌握 Excel 工作表的拆分、冻结方法，工作簿设置密码的方法。

四、实验步骤

1. 任务(1)参考步骤

(1) 从"开始"菜单启动 Excel 2003，单击菜单"开始"→程序→Microsoft Office→Microsoft Excel 2003。

(2) 在 Sheet1 工作表 A1 到 H1 分别输入以下文字，如图 4-5 所示。

图 4-5　数据输入

30

(3) 在 A2 单元格输入文本星期一，使用填充柄功能智能填充数据，选中 A2 后，将鼠标指针移动该选区的右下角，使鼠标指针变成，向右拖动填充句柄到 A15，则 A3 到 A15 填充的内容为"星期二"、"星期三"、……、"星期日"等。

(4) 数字和文本序列请参考步骤(3)。

(5) 分数序列，选中 D2 单元格，输入是"0   1/2"；若要输入 1 又 1/4，则应输入"1   1/4"，如果在单元格中输入"1/4"，则系统会将输入的分数视作日期"1 月 4 日"。选中 D2：D3 数据，使用填充柄功能拖动到 D15。

(6) 其他序列输入请参考步骤(3)。

(7) 工作表重命名：双击 Sheet1 工作表标签，使其反白显示；再单击，出现插入点；输入练习 1，并按回车键即可完成工作表重命名。

(8) 保存工作簿：单击"常用"工具栏的"保存"按钮，或者单击"文件"菜单的"保存"命令，或者使用快捷键 Ctrl+S。

若工作簿文件是新建的，则第一次保存时将弹出"另存为"对话框。在对话框中的"文件名"栏输入工作簿文件名实训 1，单击"保存位置"栏右侧的下拉按钮，从中选择存放位置 D 盘，最后单击"保存"按钮。

若工作簿文件是已经存在的旧文件，则编辑后进行保存时，系统将自动按原来的路径和文件名存盘。

2. 任务(2)参考步骤请参考练习 1

3. 任务(3)参考步骤

对于较大的表格，由于屏幕大小的限制，看不到全部单元格。若要在同一屏幕查看相距甚远的两个区域的单元格，可以对工作表进行横向或纵向分割，以便查看或编辑同一工作表不同部分的单元格。

(1) 水平分割工作表。

鼠标指针移到垂直滚动条上方的"水平分割条"，上下拖动"水平分割条"到合适位置，则把原工作簿窗口分成上下两个窗口。每个窗口有各自的滚动条，通过移动滚动条，两个窗口在"行"的方向可以显示同一工作表的不同部分。

(2) 垂直分割工作表。

鼠标指针移到水平滚动条右边的"垂直分割条"，左右拖动"垂直分割条"到合适位置，则把原工作簿窗口分成左右两个窗口。两个窗口在"列"方向可以显示同一工作表的不同部分。

4. 任务(4)参考步骤

选中 C2 单元格，单击窗口菜单，选中冻结窗格命令，如图 4-6 所示。

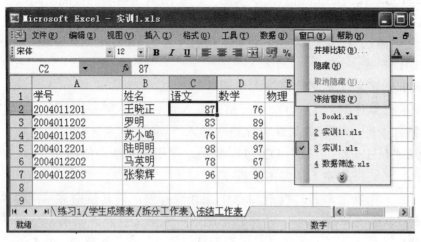

图 4-6 冻结窗格

5. 任务(5)参考步骤

单击文件→另存为→工具→保存选项,弹出"保存选项"对话框,如图 4-7 所示,在"打开权限密码"文本框内键入密码→确定→确认密码→在"确认密码"对话框再次键入密码→确定,当打开设置密码的工作簿时,将出现"密码"对话框,只有正确输入密码才能打开工作簿,注意密码区分大小写字母。

图 4-7 保存选项对话框

五、实验总结

模块二 Excel 2003 数据的编辑

一、实验名称

Excel 2003 数据的编辑。

二、实验任务

(1) 建立一个 Excel 2003，输入数据如图 4-8 所示。

(2) 将工作簿 book1 保存在 D 盘并命名为"实训 2"，将 Sheet1 表中内容复制到 Sheet2 表并将 Sheet2 表更名为"股票统计表"。

(3) 在第 1 行前插入表头部分"股票统计表"，再合并 A1：F1 并居中，设置标题字体为隶书，字号 20，加粗，行高 25。

(4) 设置 A2：F12 边框，外边框为蓝色最粗单实线，内边框为蓝色最细单实线，设置 A2：F2，添加黄色底纹，25%灰色图案，字体隶书，字号 16，加粗，行高 16。

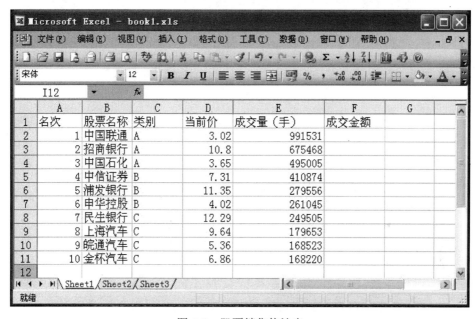

图 4-8 股票销售统计表

三、实验目的

(1) 掌握 Excel 2003 的启动和退出。

(2) 掌握创建、保存、关闭、打开 Excel 工作簿文件和 Excel 工作表的方法。

(3) 掌握 Excel 工作表的编辑方法。

(4) 掌握 Excel 工作表的格式化方法。

(5) 掌握 Excel 工作表编辑和管理的方法。

(6) 掌握 Excel 工作表公式的基本应用。

四、实验步骤

1. 建立图表，输入数据

(1) 单击"开始"菜单，"程序"→Mircosoft Office→Excel 2003，打开后系统将自动打开 book1 工作簿。

(2) 使用鼠标选中单元格 A1，使之成为活动单元格，在其中输入"名次"；按下向右方向键，使光标落在 A2 单元格，输入"股票名称"，按照同样的方法输入第 1 行的其他内容。如图 4-9 所示(输入完成之后，可以根据实际需要调整第 E 列的宽度)。

图 4-9　输入数据

(3) 参照步骤(2)，输入第 2 行的内容。

(4) 参照步骤(2)，输入第 3 至第 11 行的内容，输入完成后如图 4-10 所示。

A	B	C	D	E	F	G
名次	股票名称	类别	当前价	成交量(手)	成交金额	
1	中国联通	A	3.02	991531		
2	招商银行	A	10.8	675468		
3	中国石化	A	3.65	495005		
4	中信证券	B	7.31	410874		
5	浦发银行	B	11.35	279556		
6	申华控股	B	4.02	261045		
7	民生银行	C	12.29	249505		
8	上海汽车	C	9.64	179653		
9	皖通汽车	C	5.36	168523		
10	金杯汽车	C	6.86	168220		

图 4-10　形成图表

2．保存工作簿文件，更改工作表名

(1) 选择"文件"菜单下的"保存"菜单，系统将会出现"另存为"对话框，如图 4-11 所示。

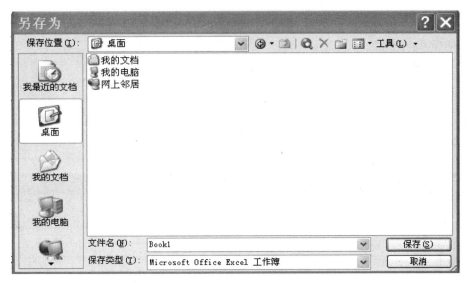

图 4-11　"另存为"对话框

(2) 在"保存位置"下拉列表中选择"本地磁盘 D"，在"文件名"中输入"实训 2"，如图 4-12 所示，单击"保存"按钮，则完成对工作簿的重命名。

图 4-12　重命名

（3）选中 Sheet1 工作表中的单元格区域 A1 到 F11，单击右键选择"复制"快捷菜单，再选中 Sheet2 工作表中的单元格区域 A1，单击右键选择"粘贴"，则将 Sheet1 工作表中内容复制到 Sheet2 工作表中。

（4）选中 Sheet2 工作表，单击右键选择"重命名"，这时输入"股票统计表"，按下回车，则完成工作表重命名操作。

3. 插入行，合并居中，编辑标题

（1）单击第 1 行的行表头，右击，弹出快捷菜单，选择"插入"命令，就可以插入一行，如图 4-13 所示。或者单击第一行的表头，然后单击"插入"菜单的"行"命令。

图 4-13　插入"行"命令

（2）在新的第 1 行 A1 单元格中输入文字"股票统计表"，如图 4-14 所示。

（3）选择 A1：F1 单元格区域，单击"格式"→"单元格命令"，弹出"单元格格式"对话框。在该对话框中单击"对齐"标签，设置"水平对齐"居中，"垂直对齐"居中，在"合并单元格"命令前划"√"，如图 4-15 所示，再单击"确定"按钮。

（4）在"单元格格式"对话框中单击"字体"标签，设置"隶书"、"加粗"、"20"的字体效果，如图 4-16 所示，再单击"确定"按钮。

36

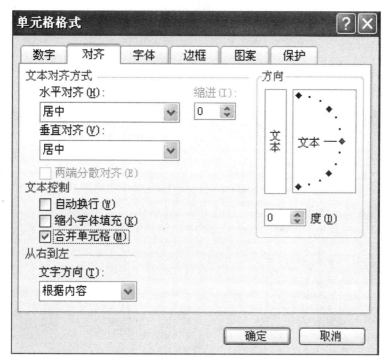

图 4-14　输入标题

图 4-15　单元格格式对话框

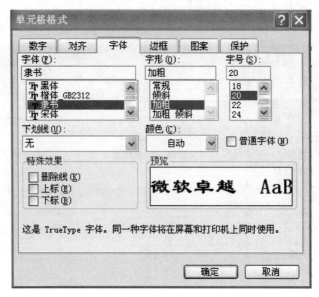

图 4-16　设置字体格式

(5) 选择第 1 行的行表头，单击"格式"→"行"→"行高"，在弹出的对话框输入 25，如图 4-17 所示，再单击"确定"按钮。结果如图 4-18 所示。

图 4-17　"行高"对话框

图 4-18　编辑标题

4. 设置单元格边框、底纹

(1) 选择 A2：F12 的单元格区域，单击"格式"→"单元格命令"，弹出"单元格格式"对话框。在该对话框中，单击"边框"标签，如图 4-19 所示，先选择"线条"样式中的粗实线，选择颜色中的蓝色，然后再单击预置中的外框线即可设置外边框的效果。按照同样的方法可以设置内部框线的效果。

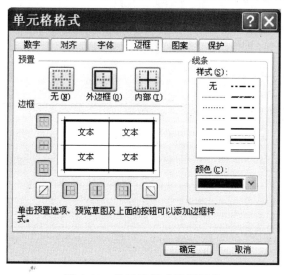

图 4-19　单元格格式边框标签

(2) 选择 A2：F2 的单元格区域，单击"格式"→"单元格命令"，弹出"单元格格式"对话框。在该对话框中，单击"图案"标签，在颜色中选择"黄色"，在图案中选择 25%的灰色，再单击"确定"按钮，如图 4-20 所示。

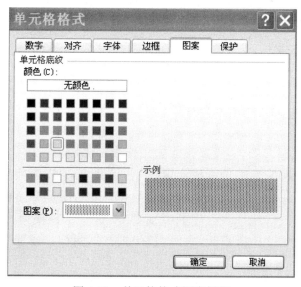

图 4-20　单元格格式图案标签

39

(3) 在常用工具栏上，选择字体隶书，字号 16，单击加粗按钮 **B**，单击"格式"→"行命令"→"行高"对话框，在行高对话框里填上 18，单击"确定"，如图 4-21 所示。

图 4-21　设置边框和底纹效果

五、实训总结

模块三　Excel 2003 公式与函数

一、实验名称

Excel 2003 公式与函数。

二、实验任务

任务 1：在实训 2.xls 股票统计表工作表中(图 4-21)，完成下列操作。

(1) 成交金额为当前价乘成交量(手)，计算 F3：F12 数值，用两种方法计算(公式法和函数法)，成交金额为小数点有效数字保存 2 位。

(2) 查找"股票统计表"中的类别"A"并全部替换为"第一类别"。

(3) 同时选中"中国石化"和"民生银行"两行并设置字体为红色，文本格式。

(4) 将"股票统计表"中的 A2：F12 区域各单元格数据"水平居中"及

“垂直居中”。

任务 2：新建实训 3.xls,如图 4-22 所示。完成下列操作。

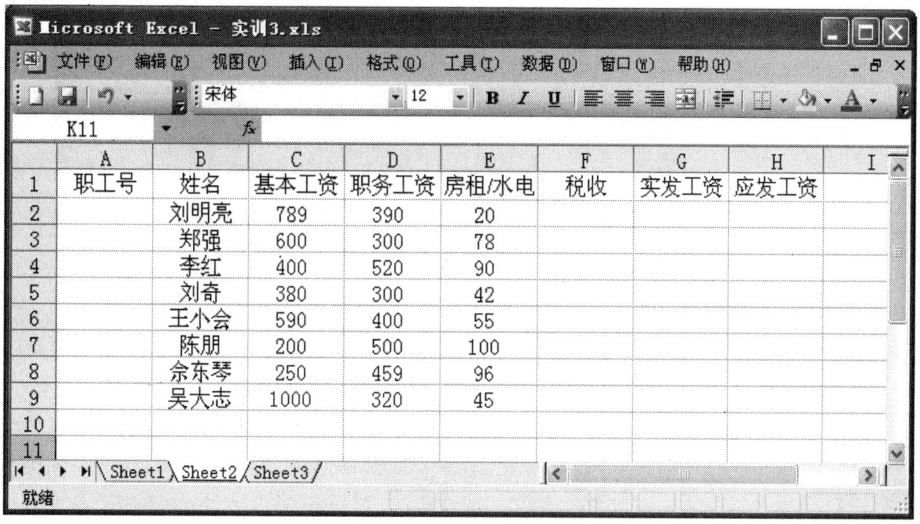

	A	B	C	D	E	F	G	H	I
1	职工号	姓名	基本工资	职务工资	房租/水电	税收	实发工资	应发工资	
2		刘明亮	789	390	20				
3		郑强	600	300	78				
4		李红	400	520	90				
5		刘奇	380	300	42				
6		王小会	590	400	55				
7		陈朋	200	500	100				
8		佘东琴	250	459	96				
9		吴大志	1000	320	45				
10									
11									

图 4-22　实训 3.xls

(1) 请在表格的第 1 行前插入一行，并在 A1 单元格内输入标题“正达电器厂职工工资表”。

(2) 将应发工资所在列(H 列)移动到职务工资所在列(D 列)之后。并利用求和函数计算应发工资(应发工资等于基本工资和职务工资之和)。

(3) 利用 IF 函数计算税收。判断依据是应发工资大于或等于 800 的征收超出部分 20%的税，低于 800 的不征税。(公式中请使用 20%，不要使用 0.2 等其他形式，条件使用:应发工资>800。)

(4) 利用公式计算实发工资(实发工资=应发工资-房租/水电-税收)。

(5) 将 A3:A10 单元格数字格式设置为文本。然后在 A3 单元格内输入刘明亮的职工号 0000001，再用鼠标拖动的方法依次在 A4～A10 单元格内填充上 0000002～0000008。

(6) 对标题所在行中 A1～H1 单元格设置合并及居中。同时将字体设置为黑体、16 磅。

三、实验目的

掌握 Excel 公式和函数的使用。

四、实验步骤

任务 1 参考步骤：

方法一：公式法

(1) 选中 F3 单元格后，该单元格成反显状态，如图 4-23 所示。

	A	B	C	D	E	F
1	股票统计表					
2	名次	股票名	类别	当前价	成交量（手）	成交金额
3	1	中国联通	A	3.02	991531	
4	2	招商银行	A	10.8	675468	
5	3	中国石化	A	3.65	495005	
6	4	中信证券	B	7.31	410874	
7	5	浦发银行	B	11.35	279556	
8	6	中华控股	B	4.02	261045	
9	7	民生银行	C	12.29	249505	
10	8	上海汽车	C	9.64	179653	
11	9	皖通汽车	C	5.36	168523	
12	10	金杯汽车	C	6.86	168220	

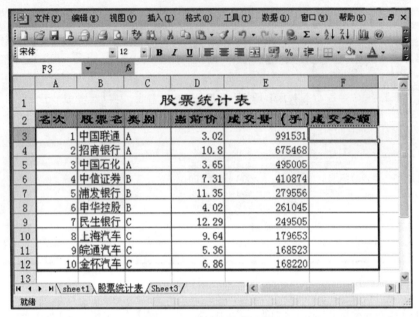

图 4-23　选中 F3 单元格

(2) 在选中的区域输入=D3*E3 之后回车，就会出现计算后的结果。如图 4-24、图 4-25 所示。

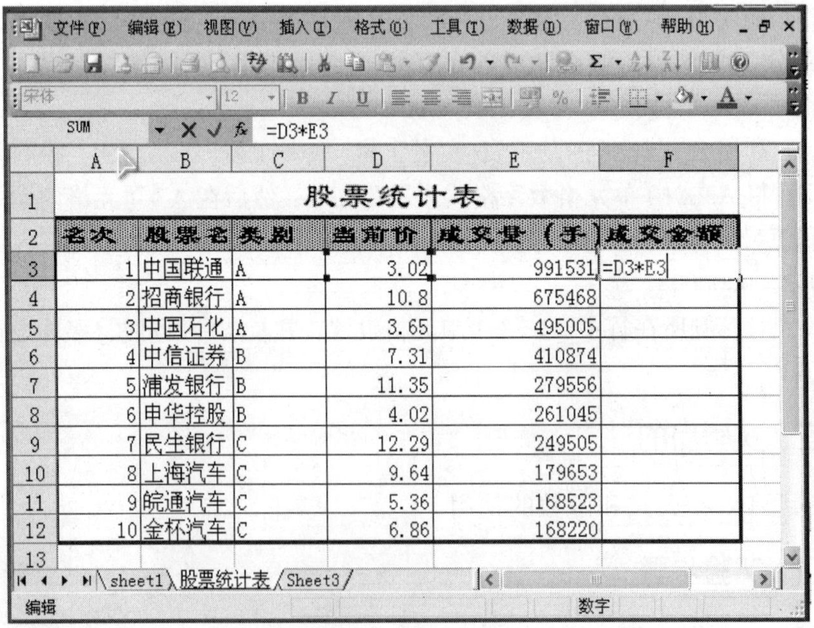

	A	B	C	D	E	F
1	股票统计表					
2	名次	股票名	类别	当前价	成交量（手）	成交金额
3	1	中国联通	A	3.02	991531	=D3*E3
4	2	招商银行	A	10.8	675468	
5	3	中国石化	A	3.65	495005	
6	4	中信证券	B	7.31	410874	
7	5	浦发银行	B	11.35	279556	
8	6	中华控股	B	4.02	261045	
9	7	民生银行	C	12.29	249505	
10	8	上海汽车	C	9.64	179653	
11	9	皖通汽车	C	5.36	168523	
12	10	金杯汽车	C	6.86	168220	

图 4-24　输入公式

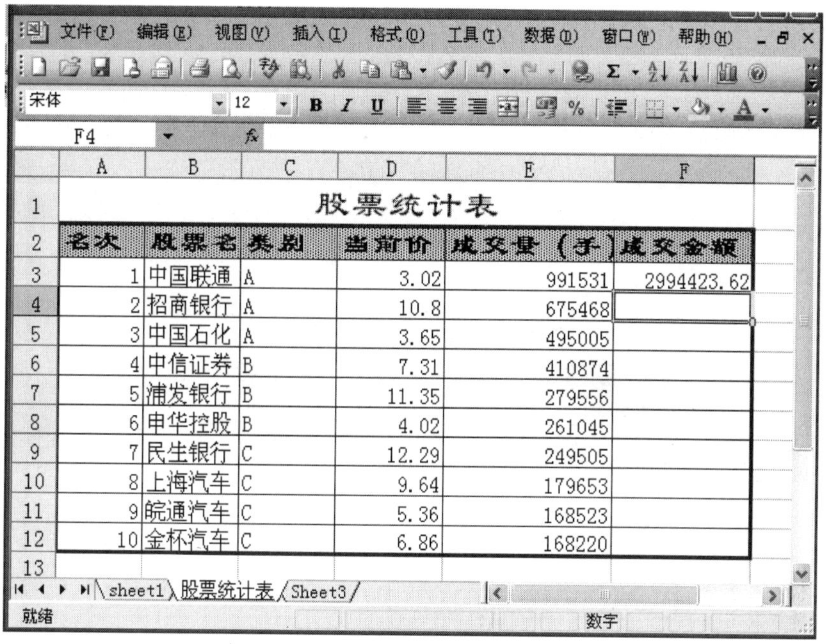

名次	股票名	类别	当前价	成交量（手）	成交金额
1	中国联通	A	3.02	991531	2994423.62
2	招商银行	A	10.8	675468	
3	中国石化	A	3.65	495005	
4	中信证券	B	7.31	410874	
5	浦发银行	B	11.35	279556	
6	申华控股	B	4.02	261045	
7	民生银行	C	12.29	249505	
8	上海汽车	C	9.64	179653	
9	皖通汽车	C	5.36	168523	
10	金杯汽车	C	6.86	168220	

图 4-25　计算公式

(3) F2：F10 的值采用自动填充柄拖动的方式就可以得到结果了。具体的方法是，将鼠标放到 F3 的右下角直到指针变成实心加号，按住左键拖动鼠标至 F12，结果如图 4-26 所示。

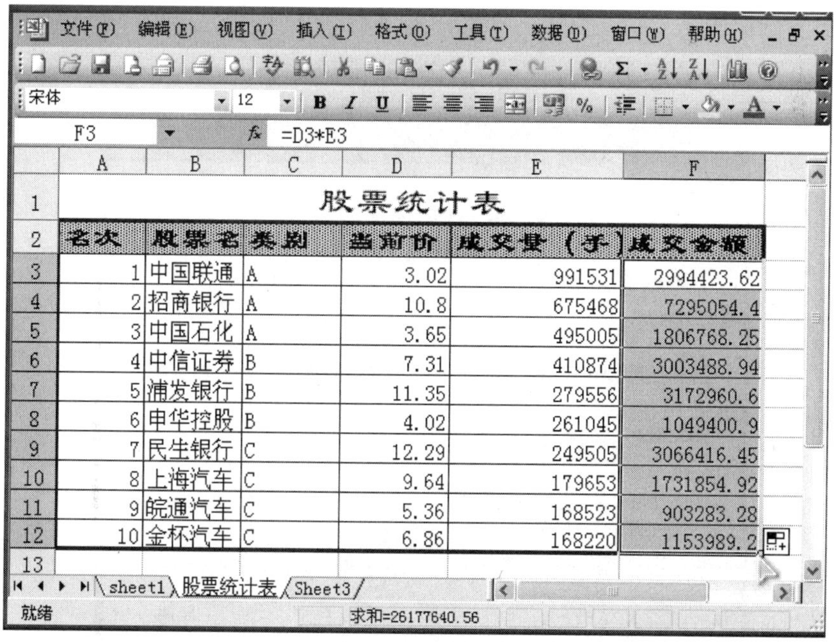

名次	股票名	类别	当前价	成交量（手）	成交金额
1	中国联通	A	3.02	991531	2994423.62
2	招商银行	A	10.8	675468	7295054.4
3	中国石化	A	3.65	495005	1806768.25
4	中信证券	B	7.31	410874	3003488.94
5	浦发银行	B	11.35	279556	3172960.6
6	申华控股	B	4.02	261045	1049400.9
7	民生银行	C	12.29	249505	3066416.45
8	上海汽车	C	9.64	179653	1731854.92
9	皖通汽车	C	5.36	168523	903283.28
10	金杯汽车	C	6.86	168220	1153989.2

图 4-26　拖动填充柄

方法二：使用函数法

(1) 选中 F3 单元格，选择"插入"菜单中的"函数"命令，如图 4-27 所示。

图 4-27　函数命令

(2) 在"插入函数"对话框中选择"全部"函数类别，在"选择函数"中选择计算所有参数相乘的 PRODUT 函数，如图 4-28 所示，单击"确定"按钮，出现"函数参数"对话框，如图 4-29 所示。

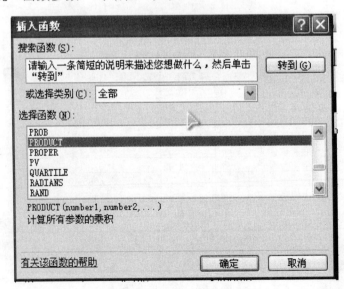

图 4-28　"插入函数"对话框

（3）在"函数参数"对话框 Number1 文本框中填上 D3，在 Number2 文本框中填上 E3，如图 4-29 所示，单击"确定"按钮。

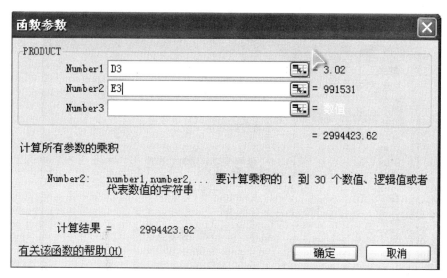

图 4-29　使用 PRODUCT 函数

（4）利用 F2 单元格的自动填充柄功能把函数功能拖动到 F12 单元格，如图 4-30 所示。

图 4-30　利用自动填充柄功能

(5) 选中单元格区域 F2：F12，格式→单元格格式→数字，如图 4-31 所示在数字选项卡中选择数值，设置小数位数为 2 位，单击"确定"按钮。结果如图 4-32 所示。

图 4-31　单元格格式数字标签

图 4-32　小数点保留两位有效数字

(6) 查找"股票工作表"中的类别"A"并全部替换为"第一类别"。

① 在工作表的菜单栏中选择"编辑"，在"编辑"的下拉菜单中选择"查找"，如图 4-33 所示。

图 4-33　查找命令

② 在"查找和替换"的对话框中选择"替换"，在"查找内容"中写入A，在"替换为"中输入第一类别。如图 4-34 所示。

图 4-34　"查找和替换"选项卡

③ 单击"全部替换"按钮，转入图 4-35 所示页面。

图 4-35　全部替换

④ 替换结果如图 4-36 所示。

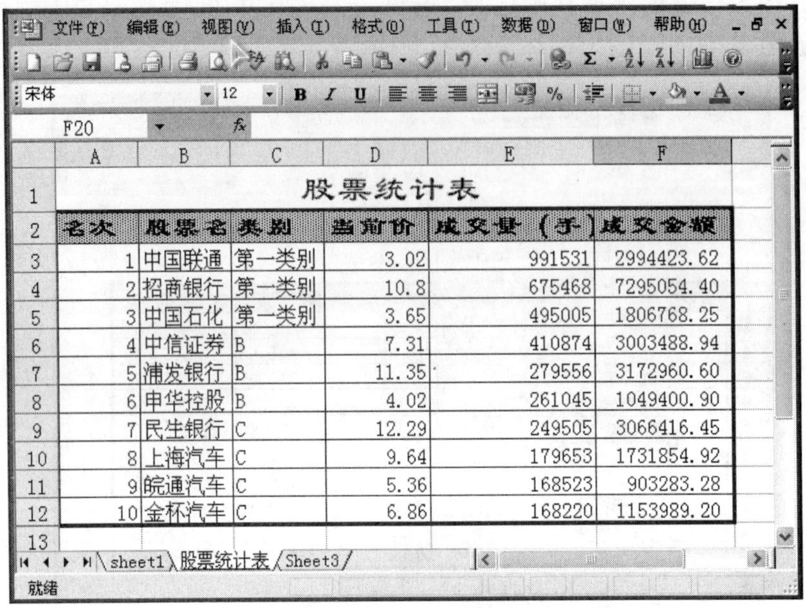

图 4-36　替换结果

(7) 同时选中"中国石化"和"民生银行"两行并设置字体为红色，文本格式。

① 用鼠标单击 A5，按住鼠标左键不放，拖动到 F5，如图 4-37 所示。

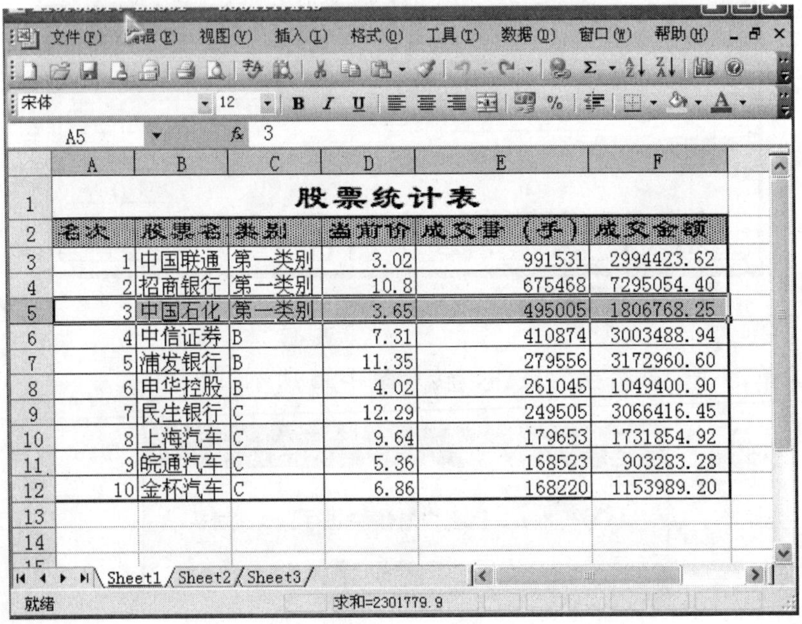

图 4-37　选中 A5：F5

② 按住 Ctrl 键不放，单击 A9 单元格，按住鼠标左键不放，拖动鼠标到 F9，图表中"中国石化"和"民生银行"两行就选择完毕，如图 4-38 所示。

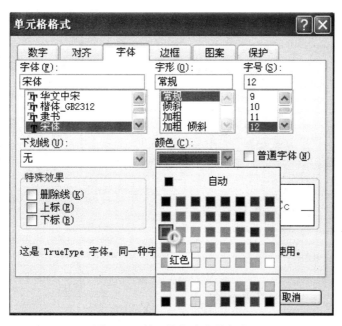

图 4-38　选中 A9：F9

③ "格式"菜单→"单元格格式"→"字体"选项卡→"颜色"，在"颜色"下拉列表框中选择红色，如图 4-39 所示。

图 4-39　单元格格式字体标签

④ 在"单元格格式"对话框里单击"数字"选项卡,在分类里选择文本,单击"确定"按钮,如图 4-40 所示。

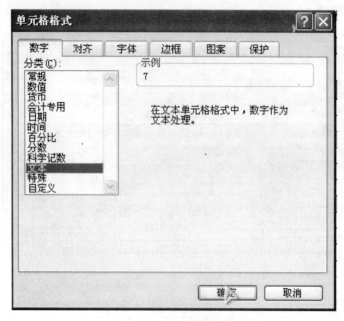

图 4-40　设置文本

从图 4-41 可以看出,在 Excel 默认状态下,数值在单元格中右对齐,文本字符串在单元格中左对齐。

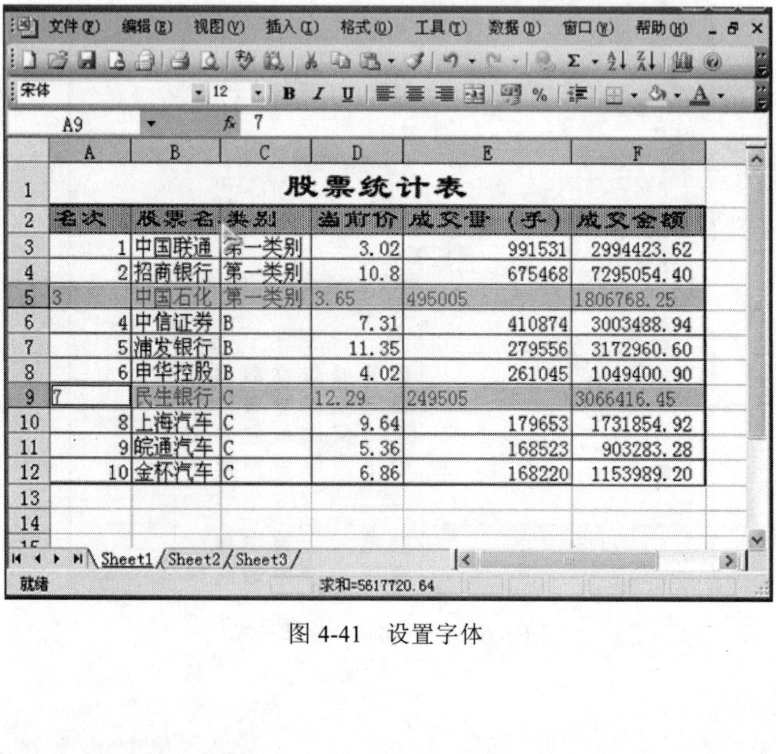

图 4-41　设置字体

(8) 将"股票工作表"中的 A2：F12 区域各单元格数据"水平居中"及"垂直居中"。

① 选中 A2：F12，用鼠标单击 A2 单元格，按住鼠标左键不放，拖动鼠标到 F12，如图 4-42 所示。

图 4-42　选中 A2：F12

② "格式"菜单→"单元格格式"→"对齐"选项卡，在"水平对齐"中选择"居中"，在"垂直对齐"中选择"居中"，单击确定。如图 4-43 所示。

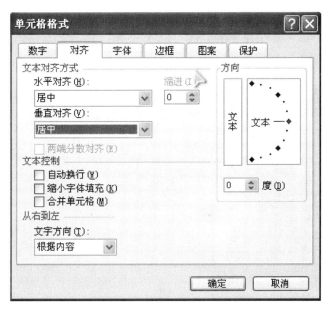

图 4-43　单元格格式对齐标签

③ 结果如图 4-44 所示。

任务 2 参考步骤：

(1) 选中行号 1，右键插入，或者选中“插入”菜单，“行”命令也可插入一行，在新插入的行 A1 单元格输入“正达电器厂职工工资表”。

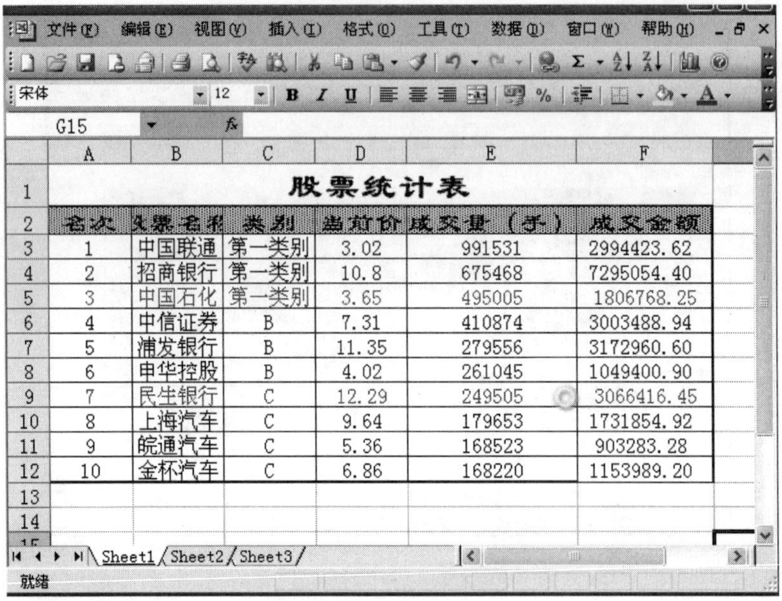

	A	B	C	D	E	F
1	股票统计表					
2	名次	股票名称	类别	当前价	成交量（手）	成交金额
3	1	中国联通	第一类别	3.02	991531	2994423.62
4	2	招商银行	第一类别	10.8	675468	7295054.40
5	3	中国石化	第一类别	3.65	495005	1806768.25
6	4	中信证券	B	7.31	410874	3003488.94
7	5	浦发银行	B	11.35	279556	3172960.60
8	6	申华控股	B	4.02	261045	1049400.90
9	7	民生银行	C	12.29	249505	3066416.45
10	8	上海汽车	C	9.64	179653	1731854.92
11	9	皖通汽车	C	5.36	168523	903283.28
12	10	金杯汽车	C	6.86	168220	1153989.20

图 4-44 表格编辑完毕

(2) 选中 E 列，单击“插入”菜单，“列”命令，在 E 列前插入一列，选中 I 列，鼠标放在列标题下边框线上，当鼠标变成十字形，按住鼠标不放，直接拖动到 F 列。选中 E3 单元格，输入求和函数=sum(C3：D3)，按 Enter 键确定。选中 E3 单元格，并使用填充柄功能，拖动到 E11。如图 4-45 所示。

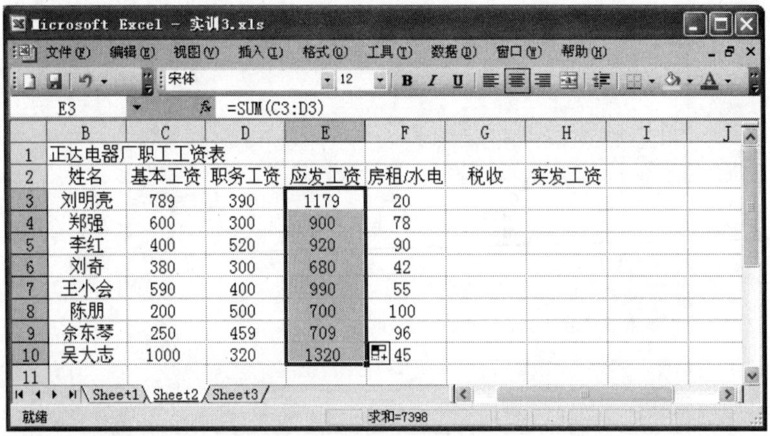

	B	C	D	E	F	G	H
1	正达电器厂职工工资表						
2	姓名	基本工资	职务工资	应发工资	房租/水电	税收	实发工资
3	刘明亮	789	390	1179	20		
4	郑强	600	300	900	78		
5	李红	400	520	920	90		
6	刘奇	380	300	680	42		
7	王小会	590	400	990	55		
8	陈朋	200	500	700	100		
9	余东琴	250	459	709	96		
10	吴大志	1000	320	1320	45		

图 4-45 求和函数

(3) 选中 G3 单元格，输入 if 条件函数，“=if(F3>=800,(F3-800)*20%,0)”，按回车键确定，选中 G3 单元格，使用填充柄功能拖动到 G10 单元格。如图 4-46 所示。

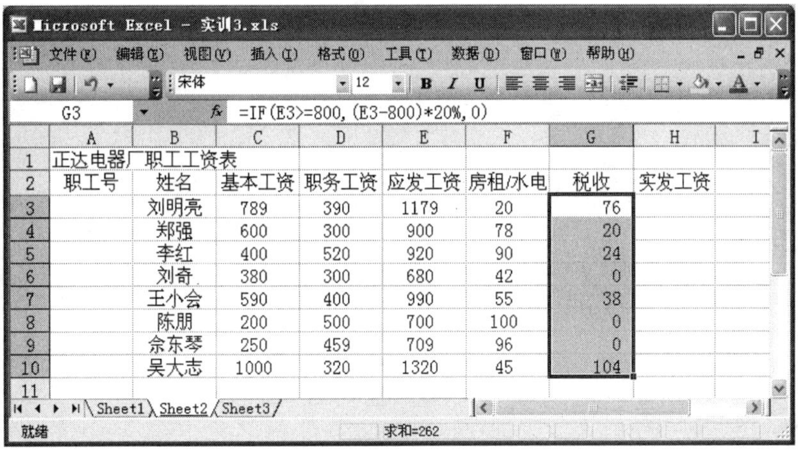

	A	B	C	D	E	F	G	H
1	正达电器厂职工工资表							
2	职工号	姓名	基本工资	职务工资	应发工资	房租/水电	税收	实发工资
3		刘明亮	789	390	1179	20	76	
4		郑强	600	300	900	78	20	
5		李红	400	520	920	90	24	
6		刘奇	380	300	680	42	0	
7		王小会	590	400	990	55	38	
8		陈朋	200	500	700	100	0	
9		余东琴	250	459	709	96	0	
10		吴大志	1000	320	1320	45	104	

图 4-46　if 条件函数

(4) 选中 H3 单元格，输入公式=E3-F3-G3，按回车键确定，使用填充柄拖动到 H10，如图 4-47 所示。

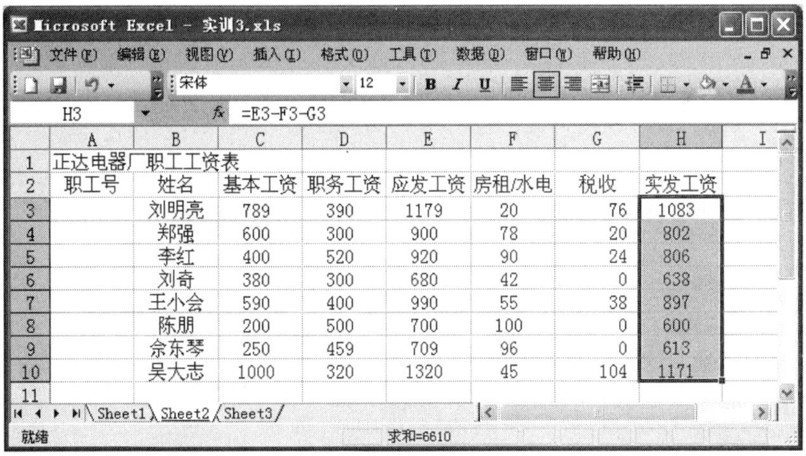

	A	B	C	D	E	F	G	H
1	正达电器厂职工工资表							
2	职工号	姓名	基本工资	职务工资	应发工资	房租/水电	税收	实发工资
3		刘明亮	789	390	1179	20	76	1083
4		郑强	600	300	900	78	20	802
5		李红	400	520	920	90	24	806
6		刘奇	380	300	680	42	0	638
7		王小会	590	400	990	55	38	897
8		陈朋	200	500	700	100	0	600
9		余东琴	250	459	709	96	0	613
10		吴大志	1000	320	1320	45	104	1171

图 4-47　公式应用

(5) 选中 A3：A10 单元格区域，“格式”→“单元格”→“数字标签”。在“分类”列表框中选择“文本”，单击“确定”按钮。在 A3 单元格输入 0000001，使用填充柄拖动到 A10。

(6) 选中 A3：A10 单元格区域，在“格式”工具栏单击“合并”按钮，选中字体黑体，字号 16，如图 4-48 所示。

	A	B	C	D	E	F	G	H
1	正达电器厂职工工资表							
2	职工号	姓名	基本工资	职务工资	应发工资	房租/水电	税收	实发工资
3	0000001	刘明亮	789	390	1179	20	76	1083
4	0000002	郑强	600	300	900	78	20	802
5	0000003	李红	400	520	920	90	24	806
6	0000004	刘奇	380	300	680	42	0	638
7	0000005	王小会	590	400	990	55	38	897
8	0000006	陈朋	200	500	700	100	0	600
9	0000007	余东琴	250	459	709	96	0	613
10	0000008	吴大志	1000	320	1320	45	104	1171

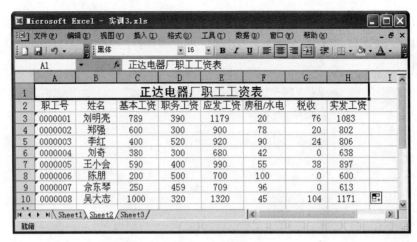

图 4-48　标题设置

五、实训总结

模块四　数据排序与图表

一、实验名称

Excel 2003 数据排序与图表的操作。

二、实验任务

新建“销售统计”工作簿，如图 4-49 所示，完成以下操作。

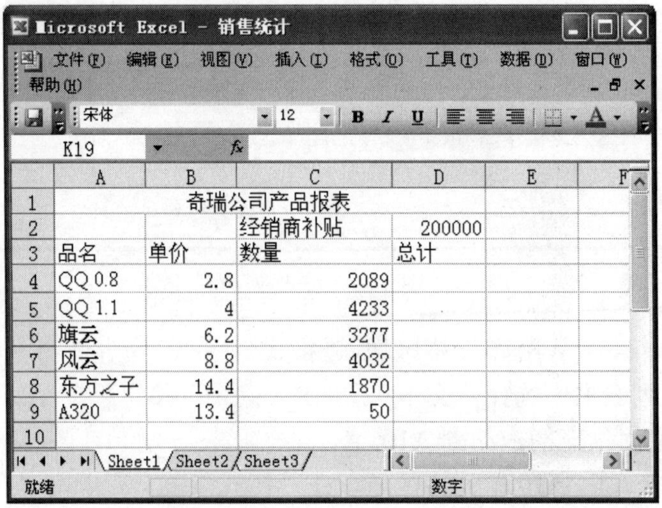

	A	B	C	D
1	奇瑞公司产品报表			
2			经销商补贴	200000
3	品名	单价	数量	总计
4	QQ 0.8	2.8	2089	
5	QQ 1.1	4	4233	
6	旗云	6.2	3277	
7	风云	8.8	4032	
8	东方之子	14.4	1870	
9	A320	13.4	50	
10				

图 4-49　“销售统计”工作簿

(1) 计算总计(总计=单价*数量+经销商补贴)。

(2) 将所有数值区域(A3:D8)按总计降序排列。

(3) 将工作表 1 改名为"奇瑞汽车销售情况分析"。

(4) 选择品名和总计两列绘制三维簇状柱形图，要求图表的标题为"产品报表"，X 轴标题设置为"品名"，将图列位置置于数据表下方。

三、实验目的

(1) 掌握 Excel 单元格的绝对引用和相对引用。

(2) 掌握 Excel 工作表的排序方法。

(3) 掌握 Excel 工作表生成及设置图表的方法。

四、实验步骤

(1) 选中 D4 单元格，输入公式"＝B4*C4+D2"按回车键确认，使用填充柄功能自动填充到 D9。如图 4-50 所示。

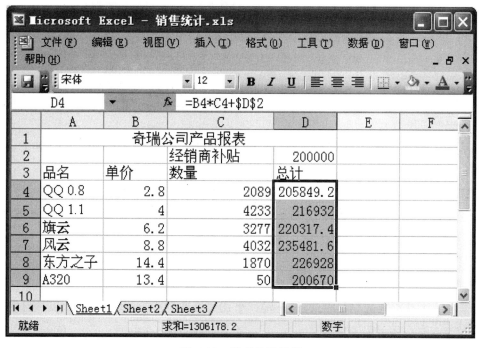

图 4-50　绝对地址引用

(2) 选中单元格区域 A2:D8，单击数据菜单→排序，弹出排序对话框，主要关键字下拉列表中选择总计，方法选择降序，单击确定。如图 4-51 所示。

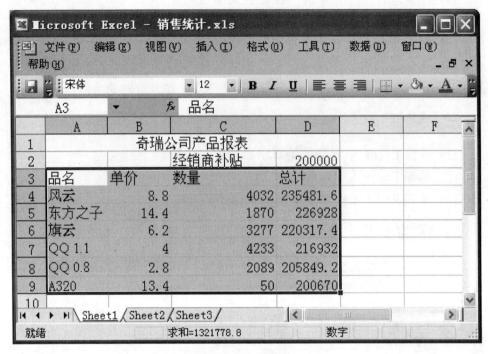

图 4-51　数据排序

(3) 选中 Sheet1 工作表标签，单击右键，重命名，输入"奇瑞汽车销售情况分析"。

(4) 选中品名列 A3:A9，按住 Ctrl 键不放，再选中总计列 D3:D9,单击菜单"插入"→图表，出现"图表向导－4 步骤之 1－图表类型"对话框，在"图表类型"栏中选择柱形图；在右侧"子图表类型"栏中选择三维簇状柱形图。将鼠标指针移到"按下不放可查看示例"按钮上，并按住鼠标左键，能看到所选图表的实际效果。单击"下一步"按钮，出现"图表向导－4 步骤之 2－图表源数据"对话框。单击"数据区域"标签，可改变用于绘图的数据区域。

查看图表源数据区域是否正确，单击"数据区域"标签，可改变用于绘图的数据区域，如 A1：E4。

单击"下一步"，弹出"图表向导－4 步骤之 3－图表选项"对话框，设置图表标题为"产品报表"、分类(X)轴设置为"品名"、图表位置选择底部。

单击"下一步"按钮，出现 "图表向导－4 步骤之 4－图表位置"对话框，选择"作为其中的对象插入"，则图表嵌入指定的工作表中。如图 4-52 所示。

56

图 4-52　插入图表

五、实训总结

模块五　分类汇总

一、实验名称

Excel 2003 数据分类汇总的操作。

二、实验任务

新建"分类汇总"工作簿，在 Sheet1 中建立以下表格，如图 4-53 所示，并完成以下操作：

(1) 在 A2 单元格左边插入一个单元格，输入"2009 年"，然后将 A2 与 B2 单元格内的文字旋转 30°；

(2) 将学号列数据类型设为文本型；

(3) 利用求和函数计算每个同学的总分；

(4) 先将数据区域按班级升序排序(按拼音的字母排序)，再用分类汇总方式计算各班每门课的平均成绩(汇总结果插在各班数据的下一行)；

(5) 在数据区域下(第 22 行相应 D22 和 E22)利用函数统计出二班各门科 90 分以上(含 90 分)的人数。

图 4-53 学生成绩表

三、实验目的

掌握 Excel 2003 的分类汇总的操作方法。

四、实验步骤

(1) 选中单元格 A2，单击"插入"菜单→单元格命令，弹出"插入"对话框，选择"活动单元格右移"→"确定"按钮。在新插入的单元格中输入"2009 年"，选择 A2，单击"格式"菜单→"对齐"选项卡，在方向栏输入 30，单击"确定"，如图 4-54 所示。

(2) 选中学号列 A4:A16，单击"格式"菜单→单元格命令→"数字"选项卡→"文本"→"确定"。

(3) 选中 F4 单元格，输入求和函数"=SUM(D4:E4)"，单击"确定"，使用填充柄功能拖动到 F16，如图 4-55 所示。

图 4-54　插入单元格

图 4-55　求和函数

(4) 选中数据区域 A3:F16，单击"数据"菜单→排序→主要关键字班级→升序方法，单击"选项"按钮，弹出"排序选项"对话框，选择字母排序，单击"确定"按钮。选择"数据"菜单中的"分类汇总"命令，打开 "分类汇总"对话框。在"分类字段"下拉列表中，选择"班级"字段。在"汇总方式"下拉列表中，选择 "平均值"。在"选定汇总项"列表框中，选中汇总的字段 "语文、数学"。单击"确定"按钮，在数据清单中插入分类汇总，汇总结果如图 4-56 所示。

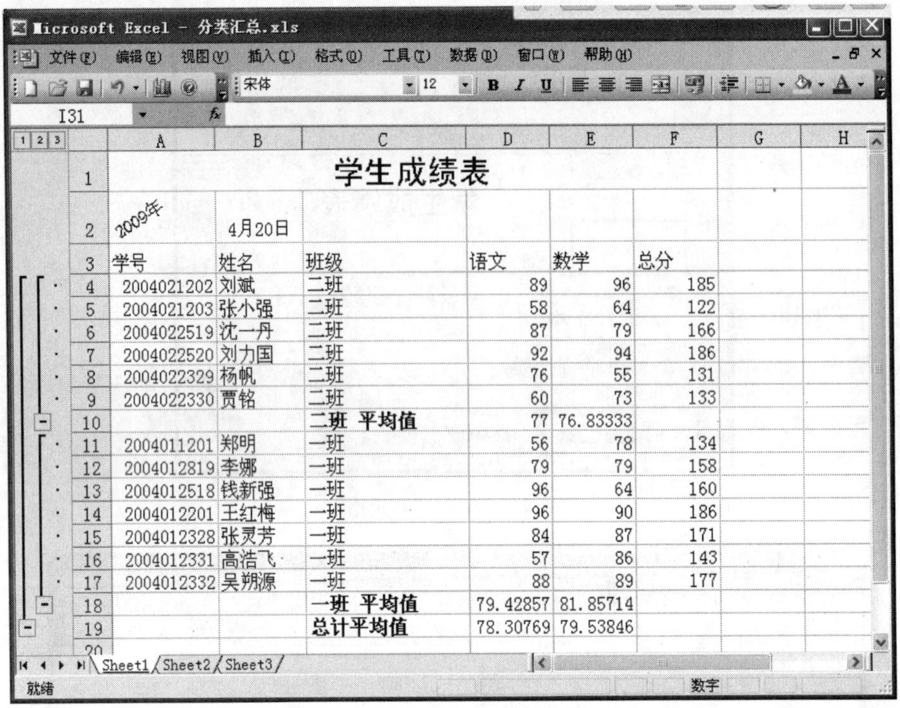

	A	B	C	D	E	F
1	学生成绩表					
2	2009年	4月20日				
3	学号	姓名	班级	语文	数学	总分
4	2004021202	刘斌	二班	89	96	185
5	2004021203	张小强	二班	58	64	122
6	2004022519	沈一丹	二班	87	79	166
7	2004022520	刘力国	二班	92	94	186
8	2004022329	杨帆	二班	76	55	131
9	2004022330	贾铭	二班	60	73	133
10			**二班 平均值**	77	76.83333	
11	2004011201	郑明	一班	56	78	134
12	2004012819	李娜	一班	79	79	158
13	2004012518	钱新强	一班	96	64	160
14	2004012201	王红梅	一班	96	90	186
15	2004012328	张灵芳	一班	84	87	171
16	2004012331	高浩飞	一班	57	86	143
17	2004012332	吴朔源	一班	88	89	177
18			**一班 平均值**	79.42857	81.85714	
19			**总计平均值**	78.30769	79.53846	

图 4-56　分类汇总

(5) 选中单元格 D22，输入函数“=COUNTIF(D4:D9，” >=90 “)”，单击“确定”，使用填充柄功能拖动到 E22，如图 4-57 所示。

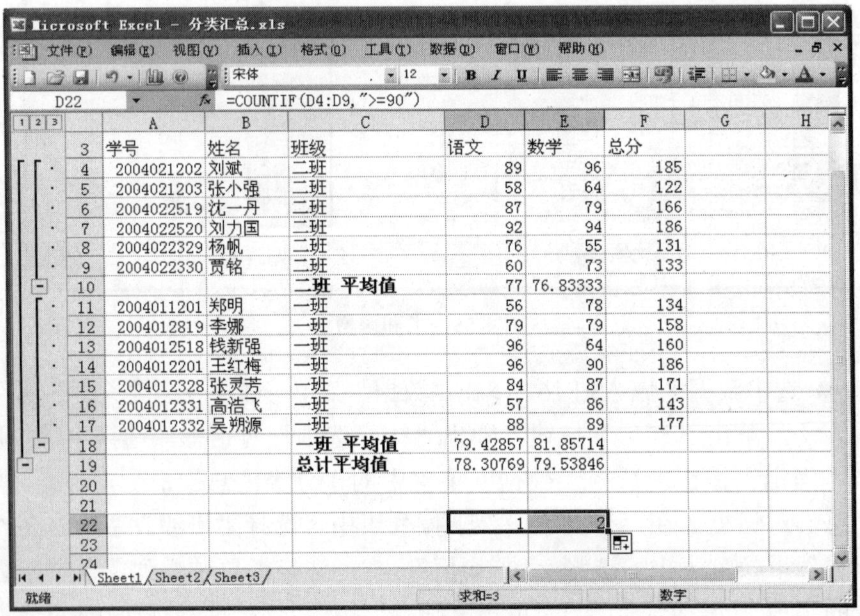

=COUNTIF(D4:D9,">=90")

	A	B	C	D	E	F
3	学号	姓名	班级	语文	数学	总分
4	2004021202	刘斌	二班	89	96	185
5	2004021203	张小强	二班	58	64	122
6	2004022519	沈一丹	二班	87	79	166
7	2004022520	刘力国	二班	92	94	186
8	2004022329	杨帆	二班	76	55	131
9	2004022330	贾铭	二班	60	73	133
10			**二班 平均值**	77	76.83333	
11	2004011201	郑明	一班	56	78	134
12	2004012819	李娜	一班	79	79	158
13	2004012518	钱新强	一班	96	64	160
14	2004012201	王红梅	一班	96	90	186
15	2004012328	张灵芳	一班	84	87	171
16	2004012331	高浩飞	一班	57	86	143
17	2004012332	吴朔源	一班	88	89	177
18			**一班 平均值**	79.42857	81.85714	
19			**总计平均值**	78.30769	79.53846	
20						
21						
22				1	2	

图 4-57　COUNTIF 函数

五、实训总结

模块六　数据筛选

一、实验名称

Excel 2003 数据筛选。

二、实验任务

新建“数据筛选”工作簿，在 Sheet1 中建立一下成绩统计工作表，如图 4-58 所示，并完成以下操作：

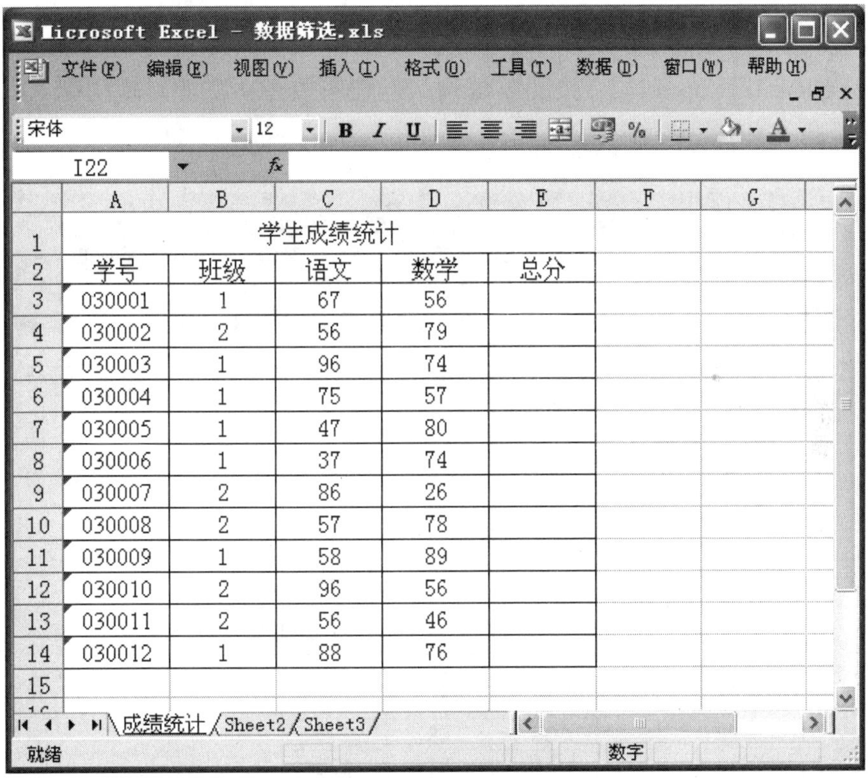

	A	B	C	D	E
1	学生成绩统计				
2	学号	班级	语文	数学	总分
3	030001	1	67	56	
4	030002	2	56	79	
5	030003	1	96	74	
6	030004	1	75	57	
7	030005	1	47	80	
8	030006	1	37	74	
9	030007	2	86	26	
10	030008	2	57	78	
11	030009	1	58	89	
12	030010	2	96	56	
13	030011	2	56	46	
14	030012	1	88	76	
15					

图 4-58　成绩统计工作表

(1) 在“成绩统计”表中利用公式计算单元格 E3～E14 内的总分(总分=语文+数学)，利用平均数函数计算单元格 C15 和 D15 内的总平均分。

(2) 对“成绩统计”表中的 A1:E14 单元格区域进行筛选操作，具体要求如下：要求筛选出语文和数学都及格的数据，条件写在以 G2 为左上角的数据区域，语文条件写在 G 列，数学条件写在 H 列。筛选的结果放在以 G5 单元格为左上角的数据区域。

(3) 将筛选结果区域(G5:K7)添加蓝色边框，外边框为双实线，内边框为单实线，底纹设置为淡黄色(第 5 行第 3 列)。

(4) 对"成绩统计"表中的 A1:E14 单元格区域进行自动筛选操作，筛选出 1 班学生信息。

三、实验目的

掌握 Excel 2003 的分类汇总的操作方法。

四、实验步骤

(1) 选中 E2 单元格，输入公式"=C3+D3"，按回车键确定。在 E2 单元格使用填充柄功能拖动到 E14，选中 C15 单元格，输入平均值函数"=AVERAGE(C3:C14)"，按回车键确认，使用填充柄功能，拖动到 D15，结果如图 4-59 所示。

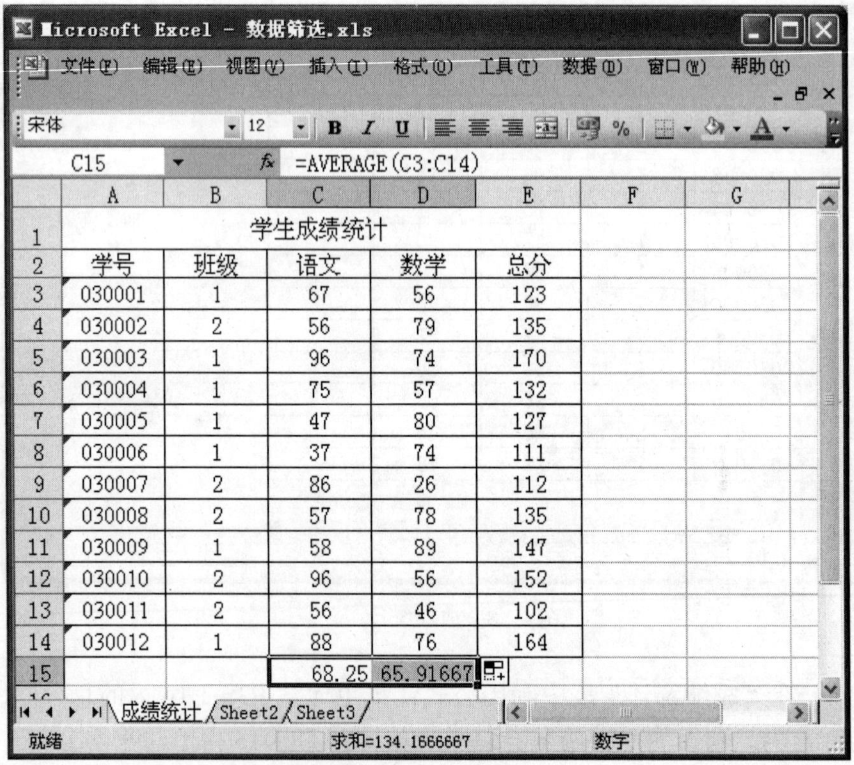

图 4-59　平均值函数

(2) 在进行高级筛选之前，必须建立一个条件区域。在 G2 和 H2 中分别输入"语文"、"数学"。在 G3 和 H3 单元格中输入条件">=60"，单击"数据"菜单→筛选→高级筛选，打开"高级筛选"对话框，在"列表区域"输入框中，输入需要进行数据筛选的区域的名称。这里，用鼠标选中 A2：E14，在"条件区域"输入框中，输入条件区域，用鼠标选中 G2：H3。选择"将筛选结果复制到其他位置"单选按钮，则在其他位置显示筛选结果。鼠标点击复制到文本框，选中区域 G5:K10 显示。如图 4-60 所示。

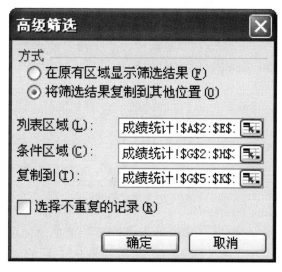

图 4-60　高级筛选

单击"确定"按钮。筛选结果如图 4-61 所示。

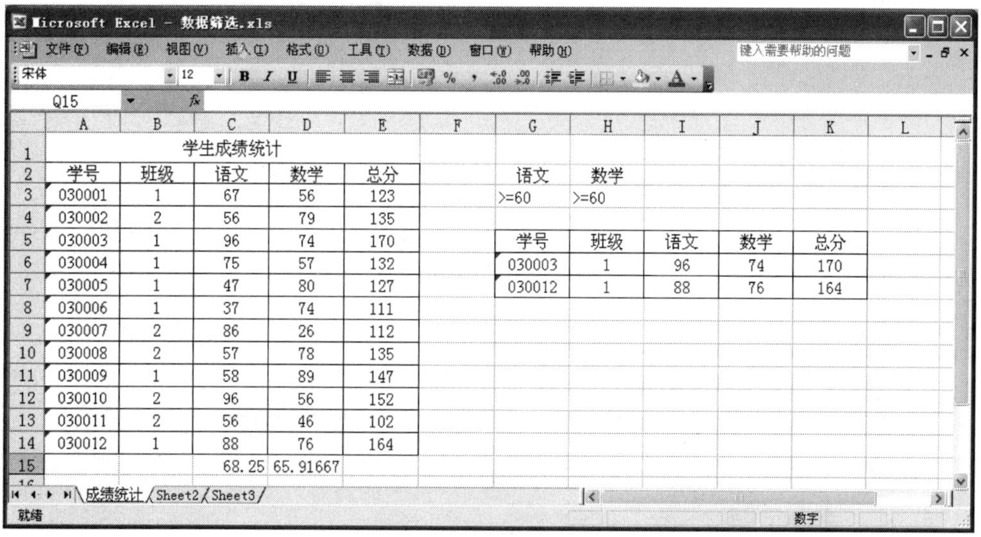

图 4-61　高级筛选结果

(3) 选中单元格区域 G5:K7，单击"格式"菜单→单元格格式→边框，在颜色列表框中选择蓝色，线条样式选择双线，点击外边框，线条样式选择单实线，点击内边框，选择图案选项卡，单元格底纹颜色选择淡黄色，单击"确定"按钮，结果如图 4-62 所示。

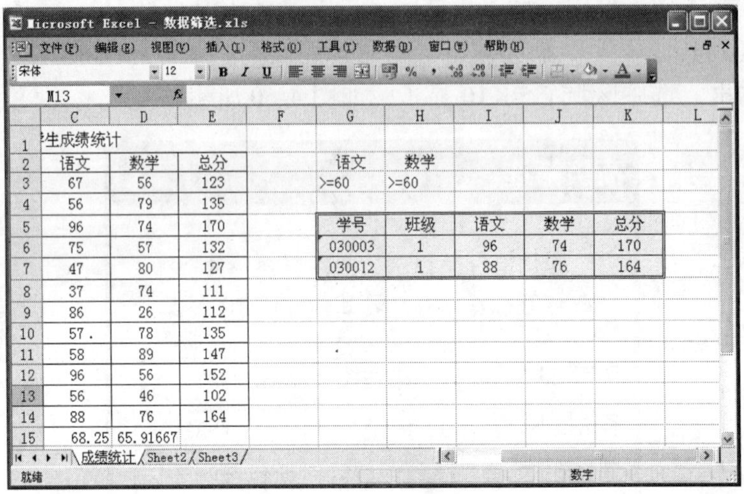

图 4-62　格式设置

(4) 选中 A2:E14 数据区域，单击"数据"菜单→筛选→自动筛选，单击班级右侧按钮，在序列中选择 1，即可筛选出 1 班的学生信息，结果如图 4-63 所示。

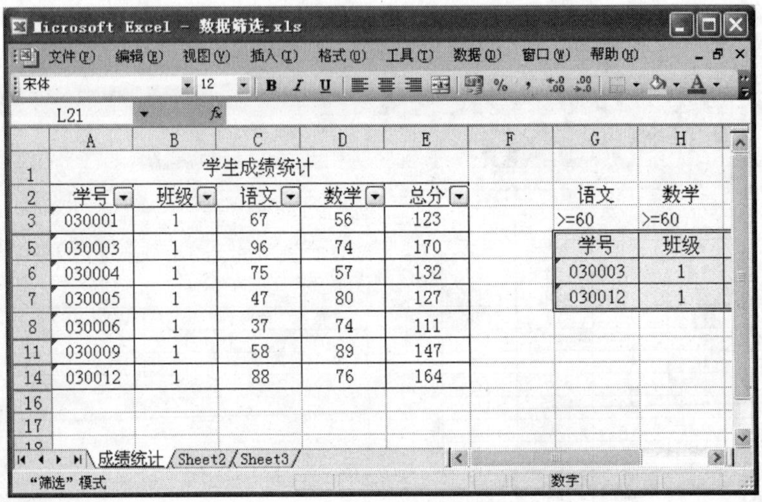

图 4-63　自动筛选

五、实训总结

项目五　PowerPoint 2003

模块一　PowerPoint 2003 概述

一、实验名称

认识演示文稿。

二、实验任务

创建演示文稿浏览并保存。

三、实验目的

(1) 掌握 PowerPoint 2003 演示文稿的建立。

(2) 了解演示文稿的浏览。

(3) 保存演示文稿。

四、实验步骤

1. 创建演示文稿

(1) 启动 PowerPoint 2003。

启动 PowerPoint 2003 的方法很多，这里介绍两种常见的方法：

方法一：单击菜单"开始"→"程序"→"Microsoft PowerPoint 2003"命令。

方法二：双击桌面上的 Microsoft PowerPoint 2003 的快捷图标。

启动 Microsoft PowerPoint 2003 后如图 5-1 所示。

(2) 退出 PowerPoint 2003。

退出 PowerPoint 2003 的方法很多，这里介绍两种常见方法：

方法一：单击 PowerPoint 2003 窗口左上角的"关闭"按钮。

方法二：使用快捷键操作，按组合键 Alt+F4 即可关闭。

2. 浏览演示文稿

PowerPoint 2003 提供 4 种不同的演示文稿视图模式：幻灯片浏览视图、幻灯片放映视图、普通视图和备注页视图。

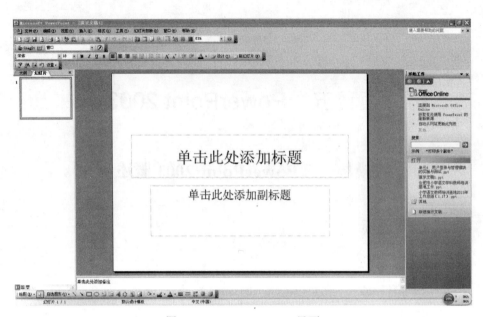

图 5-1　PowerPoint 2003 界面

(1) 幻灯片浏览视图。

方法一：单击菜单"视图"→"幻灯片浏览"命令。

方法二：单击 "幻灯片浏览视图"按钮。如图 5-2 所示。

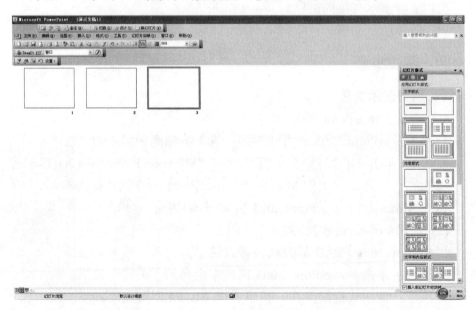

图 5-2　幻灯片浏览视图

(2) 幻灯片放映视图。

方法一：单击菜单"视图"→"幻灯片放映"命令。

方法二：单击 "幻灯片放映视图" 按钮。如图 5-3 所示。

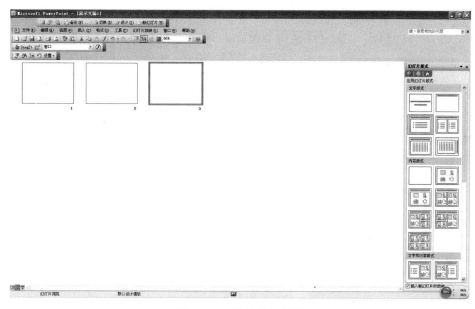

图 5-3　幻灯片放映视图

(3) 普通视图。

方法一：单击菜单"视图"→"普通"命令。

方法二：单击 "普通视图" 按钮。如图 5-4 所示。

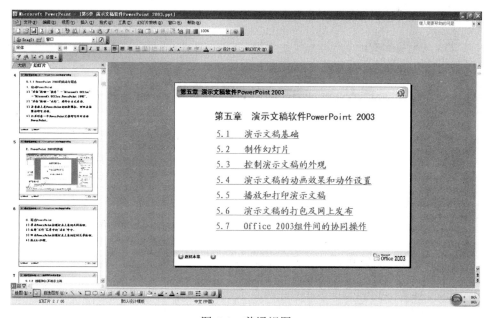

图 5-4　普通视图

(4) 备注页视图。

方法一：单击菜单"视图"→"备注页"命令。

方法二：单击"备注页视图"按钮。如图 5-5 所示。

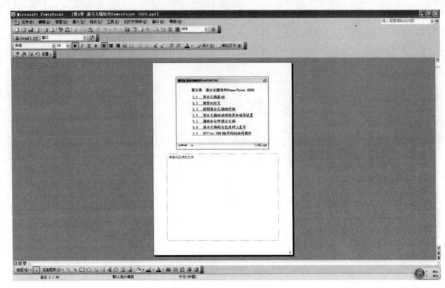

图 5-5　备注页视图

3. 保存 PowerPoint 2003 演示文稿

方法一：单击菜单"文件"→"保存"命令。

方法二：使用快捷键 Ctrl+S。

五、实验总结

模块二　演示文稿的设计与制作

一、实验名称

演示文稿设计与制作。

二、实验任务

(1) 演示文稿的基本编辑。

(2) 演示文稿修饰。

三、实验目的

(1) 演示文稿中幻灯片的编辑。

(2) 幻灯片中不同对象的编辑。

四、实验步骤

1. 新建一个演示文稿

2. 在演示文稿中插入多个新的幻灯片

(1) 在大纲与幻灯片浏览窗格的幻灯片缩略图之间，单击鼠标，出现闪烁的光标，这就是新幻灯片插入的位置。

(2) 在菜单栏单击"插入"，弹出下拉菜单。(或者右击鼠标，弹出快捷菜单。)

(3) 选中"新幻灯片"，一张空白幻灯片就插入到闪烁光标的位置。

例1 在《计算机基础知识》演示文稿的幻灯片 1 和幻灯片 2 之间插入一张新幻灯片。

(1) 打开《计算机基础知识》演示文稿。

(2) 在幻灯片 1 和幻灯片 2 之间，单击鼠标左键，该处出现一条闪烁的横线。

(3) 单击"插入"菜单中的"新幻灯片"。

一张空白幻灯片就插入到幻灯片 1 和幻灯片 2 之间了。如图 5-6 所示。

图 5-6　插入新幻灯片

3. 设置幻灯片的模板与版式

设置幻灯片版式的步骤如下：

(1) 单击"格式"菜单中的"幻灯片版式"命令，在窗口右侧出现"幻灯片版式"任务窗格。如图 5-7 所示。

(2) 选择一种版式，同时看该版式的文字说明。

(3) 单击该版式，将选中的版式应用到当前的幻灯片中。

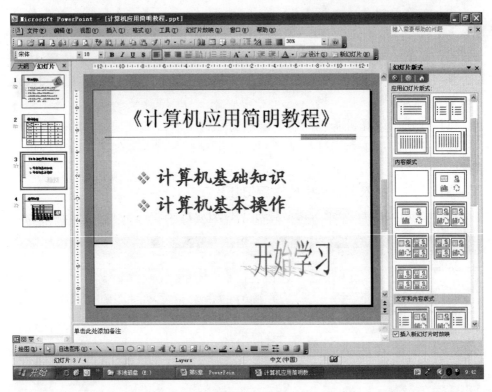

图 5-7　幻灯片版式

设置幻灯片模板的步骤如下：

(1) 单击"格式"菜单中的"幻灯片设计"命令，在窗口右侧出现"幻灯片设计"任务窗格。如图 5-8 所示。

(2) 选择一种模板，同时看该版式的文字说明。

(3) 单击该版式，将选中的版式应用到当前的幻灯片中。

4. 在幻灯片中插入对象

各类对象插入方法如下：

(1) 插入文本框：插入→文本框。

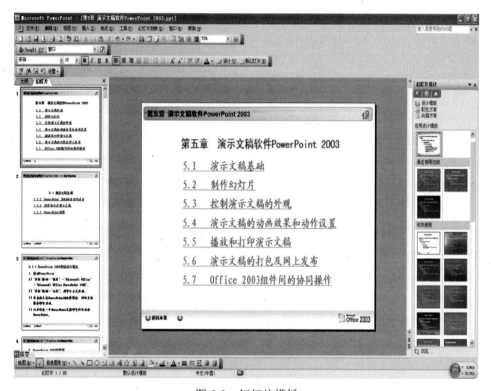

图 5-8　幻灯片模板

(2) 插入图片：

① 剪贴画：插入→图片→剪贴画→剪贴画窗格→选择一张剪贴画。

② 文件中的图片：插入→图片→来自文件→找到图片所在文件夹→选择一张图片。

③ 自选图形：插入→图片→自选图形→自选图形工具栏→选择一种图形→在需要插入自选图形的地方单击左键。

(3) 插入艺术字：插入→图片→艺术字→"艺术字库"对话框→选择一种"艺术字"样式→确定→"编辑艺术字文字"对话框→输入内容，设置文字格式→确定。

(4) 插入表格：插入→表格→插入表格。

(5) 插入图表：插入→图表→数据表。

(6) 插入组织结构图：插入→图片→组织结构图。

5. 设置文本框格式

例2　在演示文稿《计算机基础知识》中，设置第二张幻灯片的文本框的格式。

（1）选择第二张幻灯片为当前幻灯片。

（2）单击文本框，文本框周围出现虚线，使文本框成为活动对象。

（3）选择"格式"菜单中的"占位符"命令，打开"设置占位符格式"对话框。

（4）单击"颜色和线条"选项卡。

单击"线条"这一项中"颜色"框右侧的箭头，打开颜色下拉列表框，选择"紫色"；单击"虚线"框右侧的箭头，打开虚线下拉列表框，选择"短划线"；单击"样式"框右侧的箭头，打开样式下拉列表框，选择"单线"；在"粗细"输入框中，选择"1.5磅"。

（5）在"填充"这一项中"颜色"框中选择"淡蓝色"。单击"颜色"框中的箭头，打开颜色下拉选项板。单击"填充效果"按钮，弹出"填充效果"对话框。单击"图案"选项卡，选择"波浪线"。

（6）单击"确定"，回到"设置占位符格式"对话框。

（7）单击"设置占位符格式"对话框中的"确定"按钮，完成文本框格式的设置。

设置后的文本框格式，如图5-9所示。

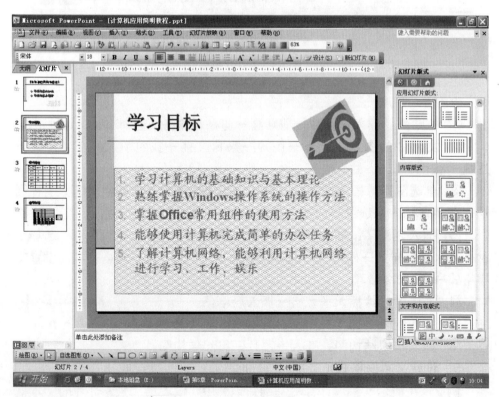

图 5-9　文本框格式

6. 设置文本格式

例 3 在《计算机基础知识》演示文稿中，设置第一张幻灯片标题文字的字体和字号。

(1) 打开《计算机基础知识》演示文稿。

(2) 在普通视图中，使第一张幻灯片成为当前幻灯片。

(3) 单击幻灯片中"计算机基础知识"。

(4) 选择"格式"菜单中"字体"命令，弹出"字体"对话框。如图 5-10 所示。

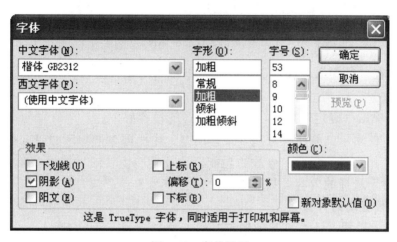

图 5-10　字体设置

(5) 在"字体"对话框中，打开"中文字体"字体框的下拉列表，选择"楷体"；在"字号"列表框中选择"53"；在"字形"列表框中选择"加粗"；在"颜色"下拉列表框中选择"红色"；选择"阴影"复选项。

(6) 单击"确定"按钮，则标题文字的字体和字号就设置好了。

在幻灯片中输入几段文字时，所用的模板决定了段落的格式。如果希望改变段落的格式，可以通过"格式"菜单的"行距"、"换行"等命令重新设置。

7. 设置段落格式

例 4 设置《计算机基础知识》演示文稿中第二张幻灯片中的段落格式。

(1) 在普通视图中，单击第二张幻灯片，使之成为当前幻灯片。

(2) 单击正文文本框，选定段落。

(3) 在菜单栏中单击"格式"，在弹出的下拉菜单栏中选择"行距"，弹出"行距"对话框。如图 5-11 所示。

图 5-11 行距对话框

(4) 在"行距"、"段前"、"段后"下框内可输入数值,也可单击上下箭头选择。

(5) 单击"确定"按钮,则段落格式就设置好了。

为了使演示文稿层次分明、条理清楚,往往需要把标题或段落分条、分款。PPT 具有自动分条、分款的功能,这项功能由"项目符号"和"编号"实现。对于选择的内容,只能添加"项目符号"或"编号"中的一个。

8. 设置幻灯片背景

例 5 设置《计算机基础知识》演示文稿背景。

(1) 单击"格式"下拉菜单的"背景"命令,打开"背景"对话框。如图 5-12 所示。

图 5-12 背景设置

(2) 在"背景填充"列表框中，选择某种颜色，将背景设置成该颜色。

(3) 如果你所要的颜色不在列表框中，可以选择"其他颜色"命令，弹出"颜色"对话框，在"颜色"对话框中选择颜色。

(4) 若这些设置只应用于当前的幻灯片，则选择"应用"按钮；若要将这些设置应用于所有幻灯片，则选择"应用全部"按钮。

(5) 若填充效果为渐变、纹理、图案、图片，例如孔雀开屏、红日西斜或白色大理石，均可在图 5-13 所示选项卡中设置。

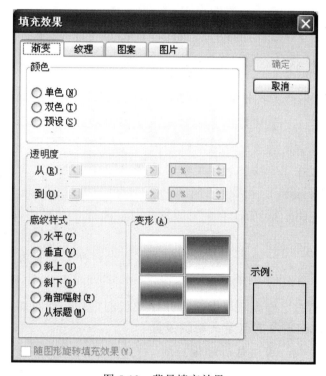

图 5-13　背景填充效果

五、实验总结

模块三　演示文稿的放映

一、实验名称

演示文稿的放映。

二、实验任务

(1) 演示文稿的动画设置。

(2) 设置演示文稿放映的方式。

(3) 在幻灯片中添加多媒体对象。

(4) 建立超级链接及动作按钮。

三、实验目的

(1) 幻灯片中对象的动画设置。

(2) 幻灯片的切换效果。

(3) 幻灯片中对媒体对象的设置。

(4) 超链接与动作按钮设置。

四、实验步骤

1. 幻灯片切换方式设置

例 6 设置《计算机基础知识》演示文稿中幻灯片的切换方式。

(1) 打开演示文稿《计算机基础知识》，选中前两张幻灯片。

(2) 在"幻灯片放映"下拉菜单中选择"幻灯片切换"命令，出现"幻灯片切换"任务窗格。

(3) 在"应用于所选幻灯片"列表框中，选择"水平百叶窗"，速度设置为"中速"。

(4) 选取第三张幻灯片，在"应用于所选幻灯片"列表框中，选择"向下插入"，速度设置为"快速"。

(5) 单击"幻灯片放映"按钮，开始放映幻灯片，观看切换的效果。

2. 幻灯片中对象的自定义动画设置

例 7 设置《计算机基础知识》演示文稿中图片动画设置。

(1) 选定要设置动画的幻灯片，选中要自定义动画效果的一个或多个对象。

(2) 单击菜单栏的"幻灯片放映"，在下拉菜单中选择"自定义动画"命令，出现"自定义动画"任务窗格。

(3) 单击"添加效果"按钮，在"添加效果"菜单中选择相应的命令，再在级联菜单中选择一种效果，就可将这种放映效果应用到所选的对象。如图 5-14 所示。

(4) 如果在幻灯片中设置了多个对象的放映效果，可选择"重新排序"按钮，改变动画放映的顺序。在"开始"、"数量"、"速度"下拉列表框中选择合适的选项，设置对象启动动画的事件、时间、旋转角度、变化速度等。

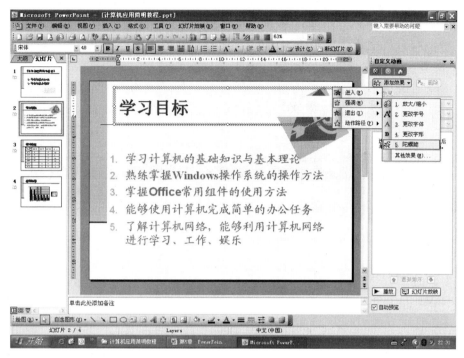

图 5-14　自定义动画效果

(5) 在"自定义动画"任务窗格的列表框中，单击所设置动画右边的下拉按钮，在下拉列表框中选择"效果选项"，选择动画的方向、声音和播放后状态等。如图 5-15 所示。

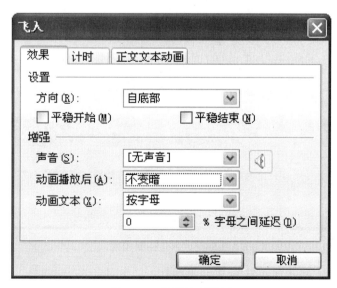

图 5-15　效果选项设置

(6) 进行相关设置后，单击"确定"，回到"自定义动画"任务窗格。

(7) 单击"播放"按钮，观看自定义动画的效果。

3. 幻灯片中多媒体对象设置

例8 给《计算机基础知识》演示文稿添加音乐。

(1) 在普通视图下，单击第一张幻灯片，使之成为当前幻灯片。

(2) 在"插入"下拉菜单中选择"影片和声音"命令，在下一级菜单中选择"文件中的声音"，弹出"插入声音"对话框。如图5-16所示。

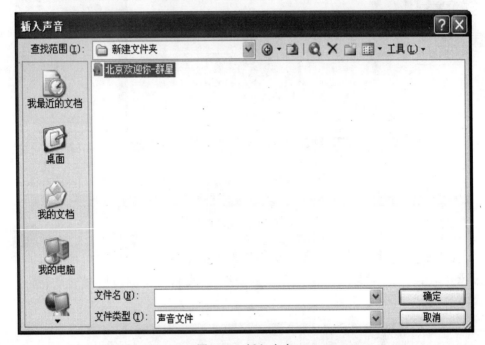

图 5-16　插入声音

(4) 搜索需要插入的音频文件，如《北京欢迎你》，单击"确定"按钮，弹出一个提示框，提示如何开始播放，选择"自动"。如图5-17所示。

图 5-17　声音插放设置

4. 超级链接及动作按钮

例9 在《计算机基础知识》演示文稿中，第一张幻灯片有艺术字"开始学习"，第三张幻灯片是课时分配。建立由"开始学习"指向第三张幻灯片的超级链接。

(1) 在演示文稿《计算机基础知识》的第一张幻灯片中，选中艺术字"开始学习"，单击"插入"菜单中"超链接"命令，弹出"插入超链接"对话框，如图 5-18 所示。

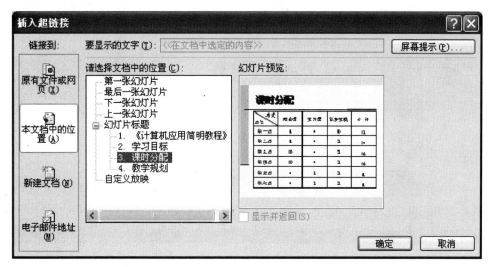

图 5-18　超链接设置

(2) 单击"本文档中的位置"，出现演示文稿所有幻灯片的标题，选择第三张幻灯片。

(3) 单击"确定"按钮。

(4) 按 F5 键，放映幻灯片。单击第四张幻灯片中带下划线的文字"第一代"，可看到链接效果：画面跳转到第五张幻灯片，显示世界上第一台计算机 ENIAC 的样子。

例 10　在演示文稿《计算机基础知识》的第一张幻灯片中，添加一个动作按钮，在放映幻灯片时，单击动作按钮时，画面跳转到第二张幻灯片。

(1) 打开《计算机基础知识》演示文稿，选择要添加动作按钮的第一张幻灯片。

(2) 单击"幻灯片放映"菜单中的"动作按钮"命令，出现一个动作按钮的列表，如图 5-19 所示。

(3) 选择一种动作按钮，然后在幻灯片中拖动鼠标，绘制动作按钮。如图 5-20 所示。

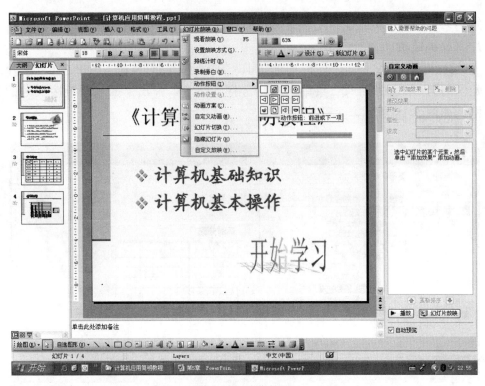

图 5-19　动作按钮

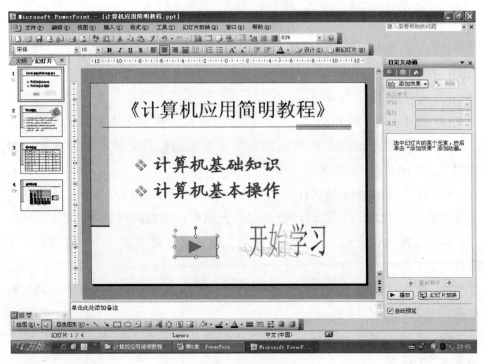

图 5-20　绘制动作按钮

(4) 动作按钮绘制好后，会出现"动作设置"对话框。

(5) 选择"超链接到"单选按钮，在"超链接到"列表中选择"下一张幻灯片"。

(6) 单击"确定"按钮。

(7) 按 F5 键，放映幻灯片。单击"动作"按钮，可看到画面跳转到第二张幻灯片。如图 5-21 所示。

图 5-21　动作设置

五、实验总结

模块四　演示文稿的打包与打印

一、实验名称

演示文稿的打包与打印。

二、实验任务

(1) 演示文稿的打包。
(2) 演示文稿的打印。

三、实验目的

(1) 演示文稿的打包操作。

(2) 演示文稿的打印设置。

四、实验步骤

1. 演示文稿的打包

例 11 打包演示文稿《计算机基础知识》。

(1) 打开要打包的演示文稿。

(2) 在"文件"下拉菜单中选择"打包成 CD"命令，弹出"打包成 CD"对话框。如图 5-22 所示。

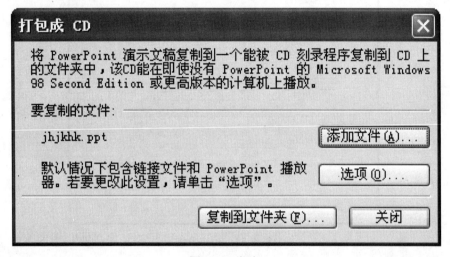

图 5-22　打包

(3) 单击"复制到文件夹"按钮，弹出"复制到文件夹"对话框。如图 5-23 所示。

图 5-23　打包复制

(4) 在"文件夹名称"文本框中输入打包文件夹名称，如"演示文稿 CD"。在"位置"文本框中输入打包文件夹存储的位置。

(5) 单击"确定"，回到"打包成 CD"对话框。如图 5-22 所示。

(6) 若需要将多个文件打包到该文件夹，则单击"添加文件"按钮，打开"添加文件"对话框。如图 5-24 所示。

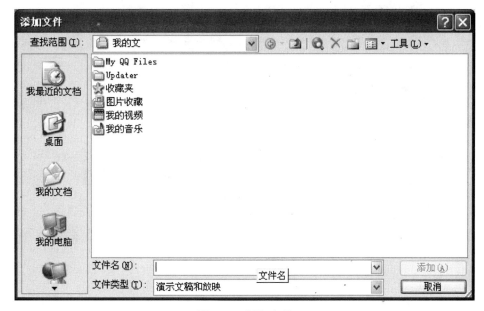

图 5-24　添加文件

(7) 选择要添加的文件，然后单击"添加"按钮，回到"打包成 CD"对话框。

(8) 单击"关闭"，演示文稿打包完成。

演示文稿打包完成之后，会在打包文件夹中出现"Pngsetup.exe"和扩展名为"PPZ"的打包文件。若用户计算机上安装有 PPT，则可直接放映其中的演示文稿；若没有安装，则可使用 PowerPoint Viewer 播放器打开演示文稿。

2. 打印演示文稿

例 12　打印演示文稿《计算机基础知识》。

(1) 单击"文件"菜单中"打印"命令，弹出"打印"对话框。如图 5-25 所示。

(2) 选择打印的范围、份数等。

(3) 选择打印内容。打印内容分为幻灯片、讲义、备注和大纲四项内容。其中，"幻灯片"每页只打印一张，"讲义"可以在一页打印多张。

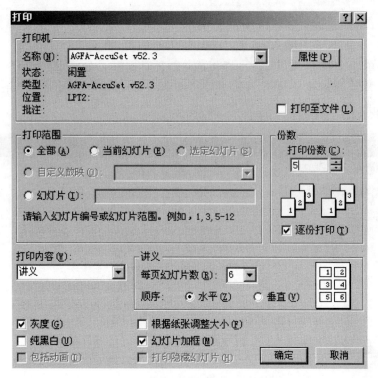

图 5-25　打印

五、实验总结

项目六　FrontPage 2003 网页制作

模块一　FrontPage 2003 的基本操作

一、实验名称

建立网站站点和第一个网页。

二、实验任务

在 D 盘下建立一个空站点 myweb，根文件夹命名为 myweb，并建立第一个网页。

三、实验目的

(1) 掌握启动 FrontPage 2003 的方法。

(2) 掌握利用 FrontPage 2003 新建站点、修改站点、打开、关闭和删除站点的简单方法。

(3) 掌握利用 FrontPage 2003 新建网页的方法。

四、实验步骤

1. 启动 FrontPage 2003

从"开始"菜单启动 FrontPage 2003，步骤如下：开始→程序→Microsoft Office→Microsoft FrontPage 2003。如果在桌面上已经存在 FrontPage 2003 的快捷方式，只要双击快捷方式图标，即可启动 FrontPage 2003。

2. 新建站点

(1) 启动 FrontPage 2003，单击"文件"菜单，选择其中的"新建"命令，在弹出的"任务窗格"中，单击"由一个网页组成的网站"，弹出网站模板对话框。图 6-1 为网站模板对话框。

(2) 单击网站模板右侧的"浏览"按钮，输入指定新网站的位置。

(3) 在网站模板对话框左侧的列表中选择新站点的模板或向导，单击"确定"按钮。此时会在指定的路径文件夹下生成一个含有 Index.htm(主页)的站点，双击该文件便可以在编辑区对主页进行编辑了。

3. 修改站点

单击"工具"菜单，选择"站点设置"命令，打开"网站设置"对话框，如图 6-2 所示，或在导航视图中单击鼠标右键，从弹出的快捷菜单中选择"站点设置"命令，也可以打开此对话框。在"常规"选项卡中可以改变站点的名称。

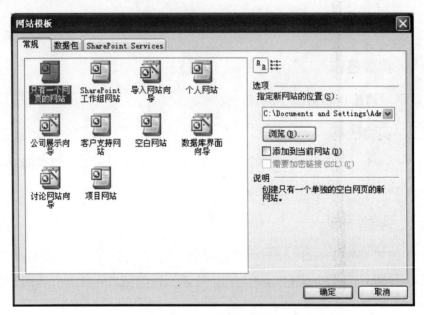

图 6-1　网站模板对话框

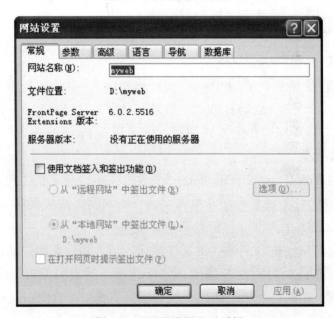

图 6-2　"网站设置"对话框

4. 打开和关闭站点

选择"文件"菜单中的"打开网站"命令，弹出 "打开网站"对话框，如图 6-3 所示，然后可以进行文件打开操作。

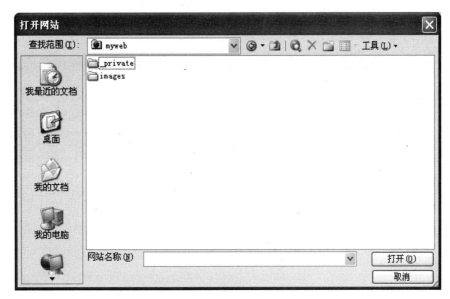

图 6-3 "打开网站"对话框

单击"文件"菜单中的"关闭网站"命令，当前站点被关闭。

5. 删除站点

当不需要某个站点时，为了节省硬盘空间，就需要删除站点，由于站点的删除是不可逆的而且是物理上的删除，因此在删除之前要详细考虑是否还有需要的文件，一旦删除站点之后，它就会永久消失，而且无法恢复。

删除站点的方法如下：若要删除当前正在 Frontpage 2003 中编辑的站点或者子站点，在"文件夹列表"视图中选中要删除的站点或子站点，然后单击鼠标右键，在弹出的快捷菜单上选择"删除命令"，或者选择菜单栏"编辑"下的"删除"命令，弹出"确认删除"对话框，如图 6-4 所示。

图 6-4 "确认删除"对话框

6. 新建网页

单击"文件"菜单的"新建"命令，在右侧任务窗格中，单击"空白网页"按钮，或者单击工具栏 📄 "新建普通网页"按钮，在主编辑窗口中将出现一个空白网页。

在网页中输入以下内容，如图6-5所示。

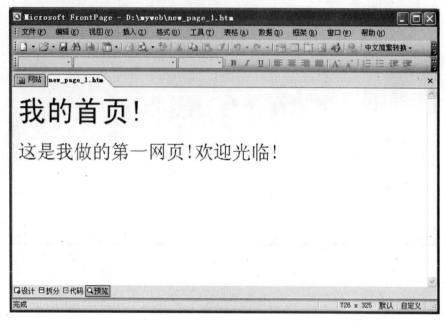

图6-5 "我的首页"效果图

7. 保存网页

选择"文件"菜单→"保存文件"命令或者单击"常用工具栏"的保存按钮，即可对正在编辑的网页进行保存。

五、实训总结

模块二 网页的设计与制作

一、实验名称

利用 FrontPage 2003 制作简单网页。

二、实验任务

在 D 盘下建立一个空站点 myweb，根文件夹命名为 D：\myweb，并建立第一个网页 index.htm。如图6-6所示。

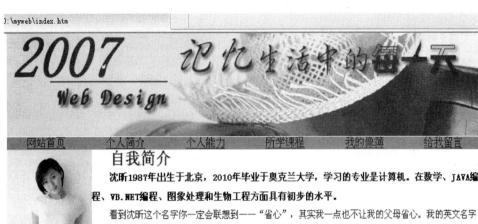

图 6-6 "个人网站"效果图

三、实验目的

(1) 掌握利用 FrontPage 2003 编辑网页的方法。

(2) 掌握在网页中插入文字、图片、表格、超级链接的方法。

四、实验步骤

(1) 打开站点 D:\myweb。

(2) 单击工具栏中的"新建普通网页"按钮，新建一个空白网页。

(3) 分析网页的页面布局，在本例中，需要插入表格 1 是 4 行 1 列，可以选择"表格"→"插入"→"表格"菜单命令，弹出"插入表格"对话框，如图 6-7 所示。

(4) 在对话框中，设置"行数"为 4，列数为 1，边框"粗细"为 0，以保证在网页预览时看不到表格的边框，单元格衬距和单元格间距都设置为 0，单击"确定"按钮。

(5) 在表格中第 1 行，点击插入菜单→图片→来自文件，在根文件夹中选中 top.jpg，结果如图 6-8 所示。

图 6-7 "插入表格"对话框

图 6-8 插入图片

（6）鼠标放在第二行中，点击表格→插入→表格，在第二行中插入 1 行 6 列表格 2，表格宽度 100%，边框"粗细"为 0，单元格衬距和单元格间距都设置为 0，表格的背景颜色为浅蓝色，单击"确定"。在单元格中分别输入文本"网站首页"、"个人简介"、"个人能力"、"所学课程"、"我的相簿"、"给我留言"，并设置文本 12 磅。选择"插入"→"超链接"，设置每个文字链接的位置。如图 6-9 所示。

图 6-9　插入导航

（7）鼠标放在第三行中，点击表格→插入→表格，在第二行中插入 1 行 2 列表格 3，边框"粗细"为 0，单元格衬距和单元格间距都设置为 0，表格宽度 100%，单击"确定"。在单元格 1 中插入图片 left.jpg，单元格 2 中输入以下文本：

自我简介

沈昕 1987 年出生于北京，2010 年毕业于奥克兰大学，学习的专业是计算机。在数学、JAVA 编程、VB.NET 编程、图像处理和生物工程方面具有初步的水平。

看到沈昕这个名字你一定会联想到——"省心"，其实我一点也不让我的父母省心。我的英文名字是 HEPING，关于这个英文名字的由来，说起来有一点随便的让你吃惊，在我刚进学校不久的一个晚上，我宿舍里的一位舍友为我们每人取英文名，这位舍友说：现在战争太多，太需要和平了，鉴于这种情况同时考虑到应该和"和平"沾点边，就叫你 HEPING 吧。

做这个网页起初的想法是想通过它来找找工作，希望浏览后能给我提点意见。

我的QQ:123456789　E-mail:shenxin@yahoo.com.cn

（8）设置文本格式，选中"自我简介"，设置文本字体宋体，大小18磅，蓝色。如图6-10所示。

图6-10　插入图片和文字

（9）鼠标放在表格1第4行单元格中，设置表格背景颜色为灰色，选择"插入"→"Web组件"→"字幕"菜单命令，弹出"字幕属性"对话框，如图6-11所示。

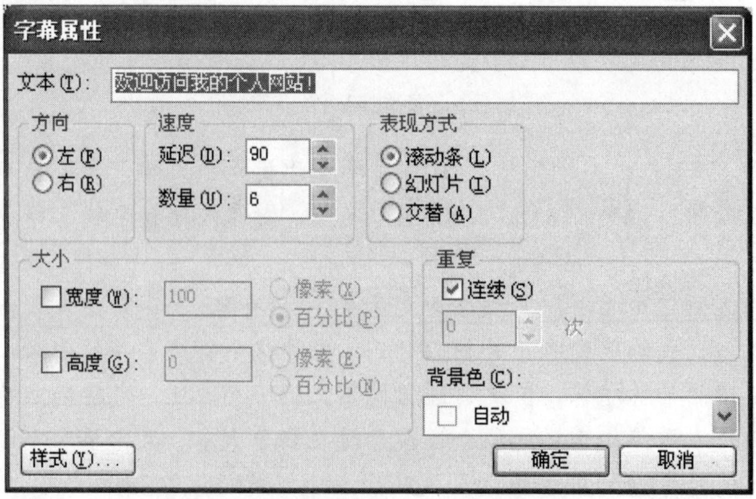

图6-11　"字幕属性"对话框

(10) 在"字幕属性"对话框的文本框中输入"欢迎访问我的个人网站!"，设置"方向"为右，表现方式为"滚动条"，其他属性为默认值。

(11) 单击"样式"按钮，弹出"修改样式"对话框。如图 6-12 所示。

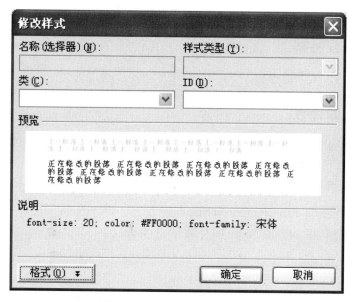

图 6-12 "修改样式"对话框

(12) 单击"修改样式"对话框中的"格式"按扭，在弹出的级联菜单中选择"字体"命令，对字体进行设置，设置字体为"宋体"，大小为 18 磅，颜色为红色。

(13) 单击"文件"菜单→"保存"命令，保存制作好的网页。如图 6-13 所示。

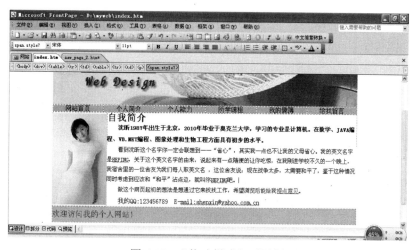

图 6-13 "修改样式"对话框

五、实训总结

模块三　站点的发布

一、实验名称

发布站点 D：\myweb。

二、实验任务

将 D 盘站点 myweb，发布到网络上。

三、实验目的

(1) 掌握启动 FrontPage 2003 站点的发布。

(2) 掌握利用 HTTP 和 FTP 发布站点的方法。

四、实验步骤

FrontPage 2003 中，发布网站提供了两种形式，即 HTTP 形式和 FTP 形式。

当服务器上安装了 FrontPage 2003 扩展时，可以直接使用 HTTP 方式发布，如果没有安装就得用 FTP 形式完成了。

在 FrontPage 中选择文件菜单→"发布网站"命令，会出现如图 6-14 所示的"远程网站属性"对话框。

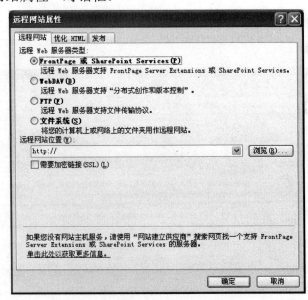

图 6-14　"远程网站属性"对话框

切换到"发布"选项卡，指定是只发布已更改的网页，还是发布所有的网页，若要发布子站点，选中"包含子站点"复选框。在"远程网站"选项卡"远程网站位置"下拉列表框中，输入站点服务器的位置，如果发布位置在本地机上，可以直接通过右边"浏览"按钮来实现。最后单击"确定"按钮，这时 FrontPage2003 会试图链接上面的服务器并需要发布者提供准确的登录信息，输入"用户名及密码"即可完成传输。

五、实训总结

项目七　计算机网络基础与 Internet 应用

模块一　计算机网络基础知识

一、实验名称

网络共享及共享资源的访问方法。

二、实验任务

网络共享的方法。

三、实验目的

(1) 学会在局域网中共享文件夹。
(2) 学会在局域网中访问共享的文件夹。

四、实验步骤

1. 共享文件夹的计算机的设置

(1) 双击桌面上"我的电脑"图标，在我的电脑的窗口中，双击"D 盘"盘符。找到希望共享"文件夹"单击鼠标左键选中，右键调出下拉菜单。在下拉菜单中选择"共享和安全"。在弹出的对话框中有三个选项卡，分别为"常规"、"共享"和"自定义"，选择"共享"选项卡。

(2) 在弹出的对话框中选择"在网络上共享这个文件夹"的复选框，如果允许网络用户能够在这个共享的文件夹中更改文件，则将"允许网络用户更改我的文件"复选框勾选。

(3) 出现手托文件夹图标的方式则表明共享文件夹成功了。

2. 客户端访问共享文件夹的方式

客户端访问共享文件夹的方式有三种。

(1) 单击"开始"菜单，选择"运行"在弹出的对话框中输入"\\ip 地址或者计算机名\共享的文件名"。

(2) 在 IE 浏览器的地址栏上输入："\\ip 地址或者计算机名\共享的文件名"。

(3) 打开"我的电脑"在地址栏上输入"\\ip 地址或者计算机名\共享的文件名"。

五、实验总结

模块二　连接互联网的方式

一、实验名称

连接互联网的方法。

二、实验任务

连接互联网的方法。

三、实验目的

学会宽带的连接方式。

四、实验步骤

(1) 单击"开始菜单",选择"设置"在弹出的下拉菜单中选择"网络连接"。

图 7-1　"开始"菜单

(2) 在打开的网络连接的页面选择"创建一个新的连接",如图 7-2 所示。

图 7-2　网络连接

(3) 弹出新建连接向导对话框,单击"下一步",如图 7-3 所示。

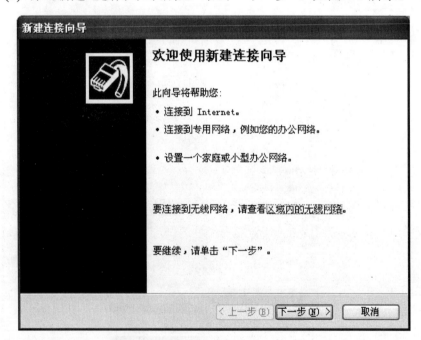

图 7-3　连接向导

(4) 单击"下一步"后,在弹出的对话框中选择"连接到 Internet"的单选按钮,如图 7-4 所示。

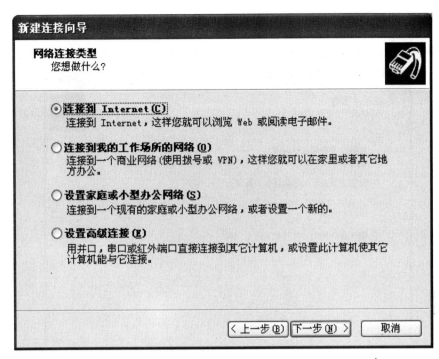

图 7-4　连接向导 2

(5) 单击"下一步",选择"手动设置我的连接",如图 7-5 所示。

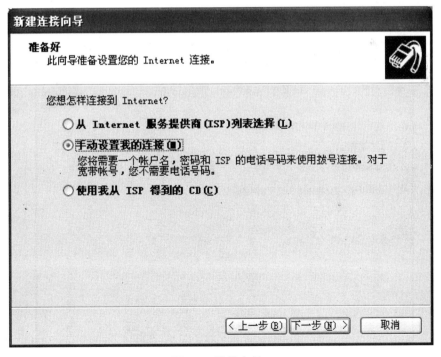

图 7-5　连接向导 3

(6) 单击"下一步"，选择"用要求用户名和密码的宽带连接来连接"，如图 7-6 所示。

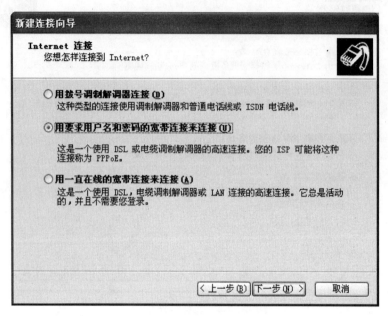

图 7-6　连接向导 4

(7) 单击"下一步"，在弹出的对话框中输入 ISP 名称输入"中国电信"，如图 7-7 所示。

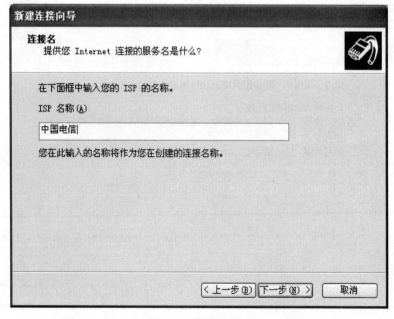

图 7-7　连接向导 5

(8) 单击"下一步"，输入用户名、密码、确认密码并选择"把它作为默认的 Internet 连接"，如图 7-8 所示。

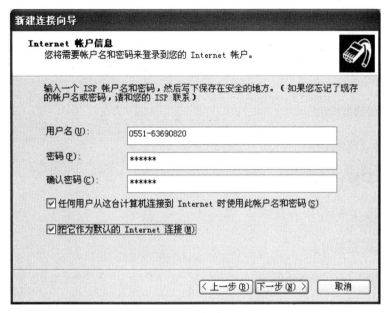

图 7-8　连接向导 6

(9) 单击"下一步"，选择"在我的桌面上添加一个到此的连接的快捷方式"，单击完成，如图 7-9 所示。

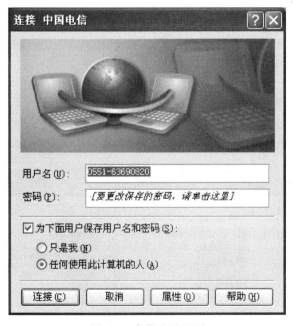

图 7-9　宽带登录界面

(10) 在连接的对话框中点击连接后，就可以连接互联网了。(这种连接互联网的方法仅适用于中国电信的 ADSL 宽带用户。)

五、实验总结

模块三　IE 浏览器的使用

一、实验名称

IE 浏览器的使用。

二、实验任务

IE 浏览器的使用方法。

三、实验目的

学会使用 IE 浏览器访问互联网。

四、实验步骤

(1) 在确认计算机联网的情况下，双击桌面 IE 图标 。

(2) 在弹出的 IE 页面的地址栏上输入 www.hffe.cn 的域名，回车之后会弹出学校的主页，如图 7-10 所示。

图 7-10　网页

102

（3）如果想在一打开 IE 的情况下就打开的是合肥财经职业学院的主页，就需要将 www.hffe.cn 设置为主页，具体的方法：

（4）在打开的 IE 浏览器中，选择"工具"菜单，在弹出的下拉菜单中选择"Internet 选项"，如图 7-11 所示。

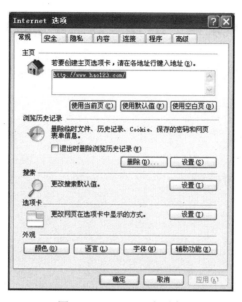

图 7-11　Internet 选项卡

（5）在弹出的对话框中选择"使用当前页"按钮，如图 7-12 所示。

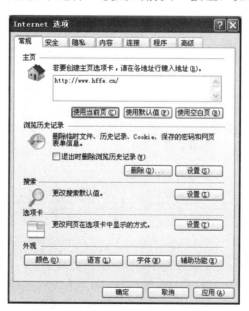

图 7-12　Internet 选项卡 2

(6) 主页中的地址就变成了当前访问的 www.hffe.cn 的主页了。

(7) 关闭 IE 浏览器，再次打开发现主页已变成了 www.hffe.cn 的主页了。

五、实验总结

模块四　IE 浏览器的使用技巧

一、实验名称

IE 浏览器的使用技巧。

二、实验任务

IE 浏览器的使用技巧。

三、实验目的

学会使用 IE 浏览器是使用技巧。

四、实验步骤

1. 将喜爱的网页放置到收藏夹中

(1) 打开 IE 浏览器，输入 www.sina.com.cn 的网址。在打开网站的前提下，点击"收藏夹"菜单，如图 7-13 所示。

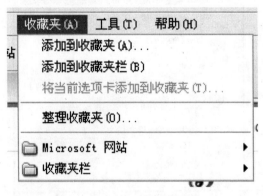

图 7-13　收藏夹

(2) 在弹出的下拉菜单中选择"添加到收藏夹"。在弹出的对话框中输入名称、收藏的位置。单击"添加"，如图 7-14 所示。再次打开收藏夹菜单的时候就发现多了刚才添加的新浪首页。在下次想找这个网站的时候只要在收藏夹里找到就可以直接打开了，如图 7-15 所示。

2. 网站的多页面显示和单页面显示的方法

许多用户在使用 IE 浏览器的时候有一种习惯，有的在打开页面的时候希望新打开的网页页面和原来的页面在同一个窗口，如图 7-16 所示。而有的用户则希望打开的页面与原来的页面不在同一个窗口，如图 7-17 所示。

图 7-14 添加收藏

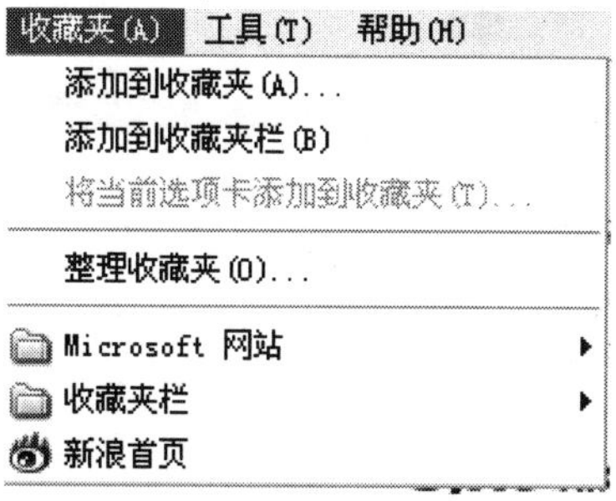

图 7-15 "收藏夹"菜单

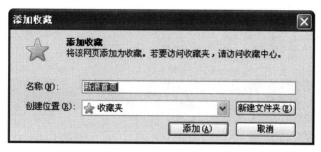

图 7-16 网页 1

图 7-17 网页 2

设置方式：

(1) 打开 IE 浏览器，选择"工具"菜单，如图 7-18 所示。

图 7-18 工具菜单

(2) 在下拉菜单中选择"Internet 选项"，在弹出的"Internet 选项"对话框中选择选项卡中的"设置"按钮，如图 7-19 所示。

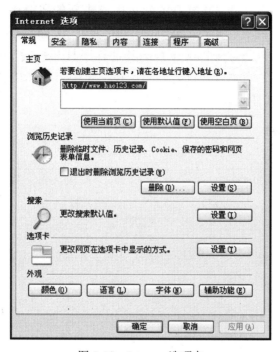

图 7-19　Internet 选项卡

(3) 在点击"设置"按钮后，弹出了"选项卡浏览器设置"的对话框，如图 7-20 所示。

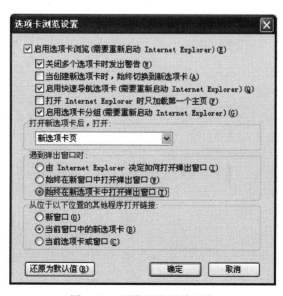

图 7-20　浏览器设置选项卡

(4) 在"遇到弹出窗口时"选择"始终在新选项卡中打开弹出窗口"。在"从位于以下位置的其他程序打开链接"中选择"当前窗口中的新选项卡"后，关闭浏览器再次打开，在打开的网页中点击新的超链接，就会以图 7-16 选项卡的形式显示网页。如在"遇到弹出窗口时"选择的是"始终在新窗口中打开弹出窗口"，"从位于以下位置的其他程序打开链接"中选择的"新窗口"单选按钮后，关闭浏览器打开网页，在网页中点击新的超链接的时候就会以图 7-17 的方式显示。

五、实验总结

参 考 文 献

[1] 詹发荣，王涛．计算机基础能力实训教程．大连：大连理工大学出版社，2011.

[2] 钟良骥，沈振武，吴春辉，等．大学计算机基础实践教程．北京：人民邮电出版社，2008.

[3] 史维国，李婷，程舒东，等．计算机应用基础教程．2 版．合肥：合肥工业大学出版社，2008.

[4] 张成叔．计算机应用基础实训指导．2 版．北京：中国铁道出版社，2012.

[5] 黄磊，耿涛，张成．计算机应用基础上机实验指导与习题．合肥：合肥工业大学出版社，2012.